LES

ABEILLES

PARIS. — IMP. SIMON RAÇON ET COMP., RUE D'ERFURTH, 1

LES

ABEILLES

ET

L'APICULTURE

PAR

A. DE FRARIÈRE

OUVRAGE ILLUSTRÉ DE 32 VIGNETTES SUR BOIS

DEUXIÈME ÉDITION

PARIS

LIBRAIRIE DE L. HACHETTE ET CIE

BOULEVARD SAINT-GERMAIN, 77

1865

AVERTISSEMENT

POUR CETTE SECONDE ÉDITION

La première édition de cet ouvrage ayant précédé de quelques semaines seulement l'ouverture de l'exposition universelle, je n'ai pu faire mention des nouvelles formes de ruches soumises à l'examen du public. Il en a été naturellement de même à l'égard de la seconde exposition universelle, particulièrement destinée à l'agriculture qui a eu lieu quelques années plus tard. Je crois donc devoir jeter un regard rétrospectif sur ce sujet si intéressant pour les amateurs d'abeilles.

Malheureusement, je me vois forcé de constater que si l'apiculture a pris une assez grande extension depuis quelques années ; s'il est maintenant peu de localités où cette industrie soit encore inconnue, les connaissances pratiques n'ont cependant pas fait de sensibles progrès.

Il est certain du moins que les grandes exploitations s'en tiennent toujours à leurs détestables procédés d'opérer la récolte du miel et de la cire, et que les paysans n'ont point abandonné les vieilles coutumes de leurs pères.

On peut critiquer cet esprit de routine si contraire au progrès ; cependant, avant de le condamner sans rémission, il faudrait prouver que les tentatives faites jusqu'ici dans l'intérêt de l'apiculture sont un véritable progrès.

Or, pour réaliser ce progrès, il faut considérer l'apiculture sous le triple point de vue du bien-être des abeilles, des facilités de l'exploitation de cette industrie, et du produit que doit en retirer l'apiculteur.

L'examen consciencieux des ruches admises à l'Exposition démontre que les inventeurs n'ont cherché à réaliser que les deux premières conditions, et que la plus essentielle, celle qui concerne le bien-être des abeilles, a été fort négligée.

C'est que ce bien-être signifie non-seulement une demeure saine, commode et chaude, une sécurité entière, mais aussi l'assurance qu'on ne pourra les dépouiller de leurs provisions d'hiver, car, ainsi que je l'ai dit maintes fois, rien ne peut suppléer le miel et le pollen qu'elles ont amassés pour cette rude saison.

Ainsi, ce ne peut être la ruche exposée sous le nom de *ruche anglaise*, ruche qui en réalité ne diffère de la ruche villageoise ou lombarde que par la grandeur de son couvercle. Cette disposition seule suffit pour démontrer que son inventeur ne songeait qu'à dépouiller entièrement les abeilles.

On voyait bien à l'Exposition des ruches belges, allemandes, etc., mais toutes rentraient dans les types déjà connus, et on peut dire qu'aucune d'elles ne présentait d'avantages sérieux.

Quant aux nombreuses ruches exposées par des Français, elles se rattachaient à peu près toutes à des types déjà connus. On a pu constater que la plupart d'entre elles avaient été adaptées au système de cadres mobiles, ce qui leur enlevait le caractère propre à la forme primitive sous laquelle elles étaient connues des amateurs.

Ces deux expositions universelles ont donc permis aux apiculteurs de tous les pays de soumettre au public les ruches et systèmes de ruches qui leur paraissaient recommandables. Eh bien, il a été facile de le constater, l'apiculture n'a point réalisé les espérances des amateurs éclairés, qui ne se contentent pas de vaines promesses, et encore moins celles des praticiens, car aucune ruche ne leur a paru supérieure au type dont elle a été détachée, et aucune méthode nouvelle n'est venue révéler un mode d'exploitation non encore pratiqué et préférable à ceux qu'on connaît déjà.

Cependant, je dois dire que la commission des récompenses en a jugé autrement. Ainsi, elle a accordé, lors de la première exposition, une médaille d'argent à M. Juge (de Beauvois), comme inventeur ou propagateur du système des cadres mobiles.

A la seconde exposition, M. Roux, de Lyon, a reçu une médaille d'or de première classe pour avoir reproduit un support ou plateau de communication déjà connu depuis longtemps : prôné, puis rejeté comme inutile par Féburier, et qui venait d'être exposé par M. Warin sans avoir attiré l'attention du jury de l'exposition universelle de 1855.

L'apparente stérilité d'invention que je viens de signaler, en ce qui concerne l'apiculture, doit-elle être considérée comme une preuve qu'il n'y a plus rien à faire pour concilier les vrais intérêts du propriétaire d'abeilles avec ceux des pauvres petits êtres qu'il traite si cruellement? Je ne saurais le croire, car bien que les abeilles ne soient pas susceptibles d'éducation ; que leur genre de vie ne diffère point de celui qui mènent les essaims sauvages qui habitent les forêts, notre propre avantage exige de notre part une prudence dans l'exploitation, une modération dans le partage des provisions, que l'exploiteur est toujours tenté d'oublier.

Or, toute méthode qui n'aura pas pour objet principal le bien-être des abeilles, seul moyen de les maintenir actives et fécondes, manque son but. Et, je le répète encore une fois, les méthodes tant préconisées pendant ces dernières années, méthodes qui consistent à mettre le trésor de l'essaim travailleur entièrement à la disposition d'un propriétaire avide, doivent être rejetées.

LES ABEILLES

ET

L'APICULTURE

INTRODUCTION

Un propriétaire intelligent, un agriculteur vraiment digne de ce nom, ne doit pas borner son ambition à accroître la valeur et le produit de ses terres; il est de son devoir et de son intérêt de travailler à augmenter le bien-être de ses fermiers et de tous ceux qui vivent sur ses domaines, avec autant de zèle et d'ardeur que s'il s'agissait de sa propre famille.

Il doit étudier les ressources de la contrée qu'il habite et particulièrement celle des diverses localités où ses propriétés sont situées; car c'est lui qui, par son instruction et sa position sociale, doit servir d'intermédiaire entre les leçons théoriques du savant et l'expérience pratique du cultivateur.

C'est au propriétaire à donner l'exemple de cette

activité incessante et de ce courage qui surmontent toutes les difficultés. Enfin il doit, comme un bon père de famille, venir en aide à ceux qui vivent dans sa dépendance. Or, comme il n'est pas d'industrie, quelque faible qu'elle nous paraisse, qui ne puisse devenir une précieuse ressource dans l'exploitation d'un domaine, c'est au propriétaire éclairé qu'il appartient de prendre l'initiative : souvent ses fermiers repoussent obstinément le bienfait ; mais, avec de la patience et l'exemple d'une heureuse pratique, il parvient toujours à vaincre les répugnances qu'on lui oppose.

Parmi les diverses branches de l'économie rurale, il n'en est point qui réunisse les avantages que l'apiculture offre à ceux qui s'y livrent avec la prudence et les connaissances nécessaires. Une mise de fonds tout à fait insignifiante, une exploitation facile, qui entraîne peu de soins, et ne les exige qu'à l'époque de l'année où le cultivateur a le plus de loisir, au moment de l'essaimage, voilà un double motif d'encouragement.

Et cependant il faut l'avouer, malgré les efforts d'une foule d'hommes honorables qui ont travaillé à répandre le goût de cette industrie, les populations rurales ont prêté fort peu d'attention aux ouvrages des savants, et les abeilles sont restées soumises au même traitement à peu près que du temps de Virgile!

D'où vient qu'aucune des méthodes, la plupart si ingénieuses qui ont été offertes au peuple des campagnes, n'a pu rencontrer ses sympathies, et que de toutes ces ruches, dont les formes variées et l'élégance comparative paraissaient devoir obtenir la préférence sur ces paniers d'osier ou de paille, si laids et si incommodes, aucune n'a pu attirer même un regard du cultivateur? D'où vient qu'aujourd'hui encore la coutume barbare d'étouffer les abeilles subsiste dans tous les pays de grande exploitation, et que, semblable au sauvage qui coupe l'arbre pour en avoir le fruit, le paysan continue à faire périr l'abeille par le soufre ou à noyer dans le miel l'insecte qui l'a récolté?...

C'est, il faut bien le dire, que ces méthodes présentent toutes de graves inconvénients, qu'elles exigent des ruches dispendieuses, des soins assidus incompatibles avec les occupations d'une exploitation rurale, et qu'enfin, chacune d'elles ne s'adressant, pour ainsi dire, qu'à une classe particulière, aucune répond aux besoins de la généralité des cultivateurs.

On se plaint des habitants de la campagne, parce qu'ils repoussent les innovations que l'on voudrait introduire dans la pratique de l'agriculture; mais j'ai lieu de croire que ce qui a particulièrement nui au développement de l'industrie mellifère, c'est que la plupart des auteurs qui ont traité ce sujet se sont plutôt adressés à la cupidité de quelques spéculateurs qu'au bon sens des gens de la campagne. En exagérant outre mesure les avantages de la culture des abeilles, ils ont excité la méfiance de ceux-ci, et fait naître chez les premiers des espérances qui ne devaient pas se réaliser, parce que, n'ayant en vue que de gros bénéfices, ils ont négligé d'étudier les mœurs, les habitudes et les besoins de l'insecte qu'ils se proposaient d'exploiter. Or, il est certain que cette négligence a toujours été fatale aux personnes qui se sont livrées à ce genre de spéculation.

Les paysans ne sont pas plus instruits que les personnes dont je parle, cela n'est que trop vrai ; mais, précisément à cause de leur ignorance, ils s'en tiennent aux anciennes traditions sanctionnées par l'expérience des siècles. Ce respect pour de vieilles coutumes, en les éloignant du véritable progrès, les tient aussi en garde contre l'entraînement irréfléchi des gens à systèmes. Il y a compensation.

Je ne crois donc pas me tromper en disant que, si l'espèce des abeilles s'est conservée parmi nous, c'est en partie grâce à la *persévérance*, pour ne pas lui donner un autre nom, des cultivateurs à suivre leur vieille routine, et non aux progrès réalisés par les faiseurs de systèmes. C'est, enfin, chez le paysan que le marchand d'abeilles et le spéculateur vont chaque année se pourvoir de ces milliers de ruches et d'essaims, dont une grande partie est consacrée à de nouvelles et infructueuses tentatives.

Mais, si je suis persuadé que la vieille routine dont le paysan ne s'écarte guère est préférable à la plupart des innovations qu'on aurait voulu lui substituer, je suis également convaincu qu'en observant scrupuleusement les mœurs des abeilles, les lois que la nature leur a imposées et auxquelles on ne peut les soustraire sans danger, il est facile de donner à l'industrie mellifère un développement immense et d'en faire une des ressources les plus précieuses que la Providence ait offertes aux habitants de la campagne.

C'est dans ce but que j'ai consacré une si large part à l'histoire naturelle des abeilles, ne doutant pas que, lorsqu'on connaîtra les mœurs de ce petit peuple, son instinct admirable, on ne le traite avec douceur et justice. Ces résultats une fois obtenus, je n'avais plus à me préoccuper des soins judicieux dont les abeilles deviendraient l'objet, puisqu'il est impossible de s'y intéresser sans les traiter convenablement.

Quoi qu'on dise d'ailleurs du goût des paysans pour la routine, il faut reconnaître qu'ils commencent à écouter volontiers les conseils désintéressés dictés par la bienveillance et appuyés par d'heureuses expériences. Il n'en a pas toujours été ainsi ; c'est un progrès qu'il est bon de constater.

Mais, lors même qu'on n'aimerait pas ces petits êtres si intelligents, si laborieux, si économes, qu'on ne serait point touché du spectacle que nous offre l'intérieur d'une ruche, et qu'on resterait, chose difficile à croire dans ces temps-ci, tout à fait insensible aux avantages d'une culture dont les bénéfices sont assez élevés pour tenter la cupidité, il resterait encore de puissants motifs pour s'y adonner, pour peu que l'on soit pénétré du désir d'être utile à ses semblables. Je n'écris point ces lignes dans le but de faire parade de sentiments philanthropiques, qu'on veuille bien le croire; mais il est très-certain que la cherté du miel est une chose très-fâcheuse pour le peuple, qui se voit ainsi privé d'une substance aussi utile que saine et agréable. N'est-il pas affligeant de penser que le miel est, pour ainsi dire, tout à fait hors de la portée des pauvres ménages ?...

Qu'on me permette une simple observation à cet égard. D'où vient que le détaillant, qui se contente souvent de quelques centimes de bénéfice sur certains articles, le sucre, par exemple, prélève une si forte commission sur le miel ?...

N'y aurait-il pas moyen d'empêcher un abus si préjudiciable à la fois au comsommateur, qui se voit obligé de renoncer à l'usage d'une substance utile et agréable, à cause de l'exagération de son prix, et au producteur qu'une rémunération trop faible tend à décourager ?

Que le spéculateur tire parti de certains miels dont la renommée fait souvent tout le mérite, rien de plus naturel, mais il est à désirer qu'on puisse trouver de bons miels ordinaires à des prix modérés.

Le miel n'est point un objet de luxe et les marchands n'abusent-ils pas du public en prélevant le 20, le 30 et même le 50 pour 100 sur cet article?...

Dans l'intérêt des classes pauvres, nous devons tous travailler à répandre le goût d'une industrie dont les avantages sont inappréciables ; car, qu'il me soit permis de le dire, on n'a pas encore considéré cette question sous son point de vue le plus élevé. On regarde ordinairement la culture des abeilles comme une industrie profitable, attrayante; elle l'est, en effet, mais de plus elle pourrait devenir un puissant moyen de moralisation et un véritable bienfait pour les classes pauvres.

Quand on verra les petits cultivateurs, les laborieux ouvriers des champs, et ceux qui se fixent partout où ils trouvent à exercer une industrie quelconque, s'adonner à la culture des abeilles, on sera certain que bien des privations, bien des souffrances ont cessé de peser sur eux et sur leurs familles. Un petit rucher sera pour ces braves gens une caisse d'épargne produisant de forts intérêts.

Il ne faut qu'un petit jardin, une cour, un grenier même pour loger quelques essaims qui, bien dirigés, peuvent assurer à leur possesseur une petite somme annuelle de dix à vingt francs par ruche.... Quelle précieuse ressource pour de pauvres familles !

Il ne faut pas oublier non plus que le miel est d'une véritable importance en pharmacie. La plupart des maladies qui affligent les travailleurs exigent des boissons rafraîchissantes dont le miel est la partie la plus essentielle et malheureusement la plus chère ; les qualités laxatives, émollientes et très-adoucissantes qu'il possède lorsqu'il est pur et qu'il a été récolté avec soin [1], le rendent indispensable dans certaines maladies ; les gens de la campagne le préfèrent au sucre pour édulcorer leurs tisanes.

[1] Il n'en est pas de même lorsqu'on n'a pas eu soin d'enlever tout le pollen et lorsque le miel a été pressé; car alors il entraîne avec lui une partie de la matière colorante de la cire brute, matière qui est par sa nature très-échauffante.

La cire n'est pas moins nécessaire dans les usages de la pharmacie ; elle est très-utile pour certaines préparations, et même indispensable dans bien des circonstances. Il est inutile de parler de son importance dans les arts ; on sait que dans beaucoup de cas cette substance ne saurait être remplacée par aucune autre.

On en faisait jadis une très-grande consommation pour l'éclairage ; mais aujourd'hui elle n'entre que dans de faibles proportions dans la confection des bougies. Cependant, malgré l'élévation croissante de son prix, son emploi est obligatoire pour le service du culte catholique.

La production trouvera donc toujours un débouché assuré, car il n'est aucune substance qui puisse remplacer complétement la cire.

Il est encore un autre produit peu connu, peu apprécié jusqu'à présent : je veux parler de la *propolis*. C'est probablement à cause de sa rareté ou, pour mieux dire, de la difficulté de la récolter qu'on a négligé de l'appliquer aux usages de la médecine parmi nous ; car elle me paraît composée d'éléments qui la feront sortir un jour de l'oubli où elle est restée [1].

Bien des gens, convaincus de l'immense bienfait qui résulterait pour nos campagnes du développement

[1] En Italie on a introduit la propolis dans la composition de certains médicaments avec un grand succès. Et voyez, nous en importons sous cette forme à grands frais, tandis que nous laissons perdre celle que renferment nos ruches !...

de l'apiculture, se sont demandé pourquoi le gouvernement, qui s'impose tant de sacrifices lorsqu'il s'agit d'encourager certaines industries, n'a jamais accordé qu'une protection très-éphémère à la culture des abeilles.

Sully, qui voyait dans l'agriculture et ses diverses branches le fondement le plus sûr de la prospérité de l'État, n'a pas reculé devant les dépenses lorsqu'il a voulu doter sa patrie de l'industrie sétifère. Il avait l'intention d'étendre sa protection sur d'autres branches de l'agriculture; mais la mort de Henri IV, en le forçant à la retraite, mit fin à ses projets.

Au reste, ce grand ministre avait parfaitement compris qu'il ne s'agissait point d'accorder de privilége particulier, mais bien de protéger et d'encourager l'exploitation des vers à soie. Il est probable qu'il eût agi aussi sagement à l'égard des abeilles.

Lorsque le gouvernement de la Restauration voulut faire quelque chose en faveur de l'apiculture, il se prononça pour la méthode Lombard, alors en grande vogue. Il institua en conséquence un cours public où M. Lombard enseignait son système à une foule de jeunes gens venus de tous les points de la France. Ce fut un tort, car le système des ruches villageoises cessa d'être à la mode; on en reconnut les inconvénients, et le gouvernement, qui s'était prononcé en sa faveur au détriment des autres systèmes, montra qu'il avait agi avec trop de légèreté.

Mais à défaut de la protection de l'État, il suffirait de quelques exemples donnés par de grands propriétaires pour attirer sur l'apiculture la faveur publique. En effet, il est impossible de n'être pas frappé de l'aspect riant et heureux des contrées où cette industrie a reçu quelques développements. Pour ma part, je n'ai jamais vu de nature plus belle, plus fleurie, que dans les lieux où la culture des abeilles est en honneur. Des villages florissants se sont élevés comme par enchantement en Allemagne, grâce à l'industrie mellifère, que quelques hommes intelligents ont mise en pratique là où il n'y avait auparavant que de tristes chaumières.

Et nous, qui voyons chaque année nos prairies se couvrir inutilement de fleurs, richesses perdues faute d'ouvriers pour les recueillir, n'aurons-nous pas lieu de nous féliciter, si nous parvenons un jour à les métamorphoser en un immense atelier, où l'innombrable population de nos ruches travaillera pour obéir aux ordres de la Providence depuis l'aube jusqu'au coucher du soleil !...

Qu'il me soit permis, à cette occasion, de citer une anecdote dont je puis garantir la parfaite exactitude ; elle démontrera jusqu'à l'évidence que je n'ai rien exagéré en disant que la culture des abeilles pourrait changer le triste aspect de quelques contrées et métamorphoser de misérables communes, des villages désolés, en séjours riants et prospères.

M. X..., ayant perdu dans une spéculation hasardée la plus grande partie de sa fortune, renonça pour ainsi dire au monde et se retira dans un pauvre village, où il possédait une modeste demeure et quelques hectares de terre.

Deux ou trois ruches reléguées dans un coin du jardin lui donnèrent la pensée de s'occuper d'apiculture. Ce désir, qu'il nourrissait depuis longtemps, lui avait été inspiré par la lecture d'un traité sur les abeilles, et par bonheur il possédait cet ouvrage : il l'avait emporté dans sa retraite parmi le petit nombre de livres dont la lecture lui avait fait passer quelques moments agréables.

Mais la contrée paraissait très-pauvre en fleurs? Or, le meilleur traité d'apiculture ne saurait suppléer à cette absence du premier élément de la prospérité des abeilles.

M. X... comprit que, pour réussir, il fallait user d'industrie. Ne pouvant consacrer le peu de terre qu'il possédait à la culture des fleurs, il imagina un procédé qui lui réussit complétement Il se procura des graines de diverses sortes de plantes rustiques, mais dont les fleurs pouvaient convenir aux abeilles et leur offrir une nourriture abondante et parfumée. Dans les temps de pluie, il se promenait aux environs du village, parcourant les sentiers, les lieux arides, et, partout où se trouvaient quelques parcelles de terre inculte, il répandait ses semences.

M. X... n'avait communiqué ses idées à personne. Ceux d'entre ses voisins qui avaient observé ses allures sans en comprendre la portée le regardaient d'un air de pitié, comme un homme dont les affaires malheureuses avaient dérangé l'esprit. Lorsqu'ils le surprenaient dans ses fonctions de semeur, ils s'imaginaient qu'il gesticulait ou jetait du grain aux petits oiseaux des champs.

Mais bientôt il se fit une révolution prodigieuse dans l'apparence que présentait naguère ce petit pays. Partout on voyait percer quelques fleurs, la nudité des terrains vagues se couvrait d'un tapis de verdure d'où s'élevaient les tiges fleuries de la bourrache, du bouillon, du mélilot et de cent autres plantes utiles aux abeilles. Celles-ci, heureuses de cette abondance, multiplièrent prodigieusement. Bientôt de nombreux essaims doublèrent et même triplèrent le nombre des ruches existant dans le village, et tous ceux qui avaient des abeilles profitèrent ainsi de l'industrie de M. X...

J'ai appris que, depuis lors, les bons villageois avaient cessé de considérer le pauvre spéculateur ruiné comme un fou, et qu'ils s'étaient, au contraire, empressés d'imiter son ingénieux procédé. Ce village n'est plus reconnaissable aujourd'hui. On a planté partout des arbres fruitiers, et, au lieu de clôtures formées d'arbustes stériles, on voit le chèvrefeuille mêler ses bouquets odorants avec le prunellier robuste, l'églantier et le sureau odorant. Les chemins de communication, jadis privés d'ombrage, sont maintenant bordés de tilleuls, d'acacias, arbres dont les fleurs abondantes donnent un miel délicieux. Enfin, les prairies artificielles ont remplacé les maigres champs d'avoine et d'orge dont la culture ne suffisait pas même à l'entretien du village.

Dernièrement M. X... ayant dit que le blé noir ou sarrazin était d'un grand secours pour les abeilles à une époque de l'année où il n'y a presque plus de fleurs dans les champs, les villageois, qui suivent scrupuleusement ses avis, ont adopté cette nouvelle culture. Mais, comme ils ne sont pas accoutumés à faire usage de cette céréale, dont on ne se sert pas dans certaines parties de la France, ils emploient le grain pour entretenir une prodigieuse quantité de volaille, nouvelle source de richesses pour ce petit pays, et la fane nourrit parfaitement leurs vaches et leur brebis. Ces détails que j'ai fait connaître dans un précédent ouvrage n'ont pas été sans influence sur quelques personnes, que l'exemple de M. X... a fortement impressionnées. Elles ont saisi avec empressement un moyen si simple d'arracher des pauvres villageois à la misère qui les accablait, et les lettres que j'ai reçues à ce sujet prouvent que leurs généreux efforts n'ont pas été stériles.

Il y a encore un si grand nombre de localités dont il serait facile de changer l'affreuse nudité en un riant séjour, qu'en vérité on ne conçoit pas pourquoi il se rencontre si peu d'hommes dévoués pour tenter de métamorphoser une commune déserte en une contrée délicieusement couverte de fleurs et d'herbes odorantes, d'arbustes et de plantes utiles, un triste et méchant hameau en un village industrieux et prospère.

Il ne faut, pour y parvenir, ni de grands capitaux ni une influence personnelle extraordinaire; il suffit d'être inspiré par le désir d'être utile. En un mot, il suffit de prêcher d'exemple.

Or, il ne manque pas en France d'hommes de bonne volonté, possédant une certaine instruction. Le rôle de bienfaiteurs de leur pays ne saurait-il les tenter, et le moyen dont M. X... a fait un si heureux usage ne leur sourit-il?...

Un des préjugés (et ils sont nombreux en France) qui retardent dans quelques contrées le développement de l'apiculture, c'est la croyance où l'on est que les abeilles nuisent aux arbres fruitiers. Puisque nous avons déjà conté une anecdote, nous en risquerons une seconde, tout aussi conforme à la vérité, pour essayer de détruire cette fausse opinion.

Un de mes amis, dont je venais de visiter le beau rucher, me fit part un jour de l'opposition qu'il rencontrait auprès de l'un de ses fermiers dans l'établissement de quelques ruches sur un point de son domaine qui paraissait très-favorable à ce genre de culture. « Croiriez-vous, me dit-il, que nos paysans s'imaginent très-sérieusement que les abeilles sont en partie la cause des mauvaises récoltes de leurs arbres fruitiers?... Et les raisons ne leur manquent pas. Ils sont dans l'erreur, j'en suis persuadé, mais j'ai fait de vains efforts pour les éclairer sur ce sujet. Demain, vous entendrez mon fermier, vous combattrez ce préjugé, et peut-être aurez-vous plus de chance d'être écouté que moi. J'aurais pu user de mon autorité; mais je craindrais que, poussé à bout, on ne cherchât à me prouver d'une manière ou d'une autre que j'avais tort. Les gens de la campagne sont très-rusés. »

Ce ne fut que plusieurs jours après que le temps permit de réaliser ce projet. Ce jour-là, le soleil parcourait victorieusement un ciel sans nuages. Les pêchers, les abricotiers, les pruniers et d'autres arbres, dont la floraison avait été retardée par les froides journées du mois précédent, étalaient des milliers de fleurs qui s'épanouissaient sous ses rayons bienfaisants. Enfin, la nature était parée comme si elle eût invité toutes les créatures à une fête splendide. Les heureux petits oiseaux gazouillaient en sautant de branche en branche, et des myriades d'insectes bourdonnaient joyeusement, tandis que les plantes semblaient montrer avec fierté les perles limpides que la rosée avait déposées sur leur naissant feuillage, parure que le soleil allait bientôt leur ravir.

La ferme où M. Sarrazin me conduisit était située à l'extrémité d'un village qui jouissait du privilége de fournir les plus beaux fruits qu'on admirât sur le marché d'Orléans. Le fermier lui-même tirait un produit considérable de ses vergers, et était très-fier d'être compté au nombre des plus habiles horticulteurs de la contrée.

« Eh! bonjour, père Philippe, s'écria M. Sarrazin en apercevant un homme qui tournait le dos au chemin et paraissait plongé dans une espèce d'extase à la vue d'une pluie de fleurs blanches tombant du haut de ses pruniers ; bonjour, comment cela va-t-il ce matin ? »

L'homme interpellé se retourna vivement et salua respectueusement les deux visiteurs.

« Que faisiez-vous là, père Philippe ? vous admiriez vos pruniers, vous estimiez d'avance la récolte ?

— Eh ! pardine, monsieur, sauf votre respect, je pensais à vous dans ce moment. Je me disais, en voyant tomber ces fleurs dru comme de la neige, que j'ai eu, ma foi, bon nez de ne pas me laisser séduire par vos beaux raisonnements au sujet des mouches. Voyez donc, écoutez ! » Et il montrait les fleurs dont la terre était blanchie et les abeilles qui bourdonnaient entre les arbres. « Ah ! dame, j'ai eu du bonheur, continua-t-il, de vous convaincre que ces petites bêtes nuisaient à nos récoltes. Voyez ce qui arrive, bien que presque personne n'ait de mouches au village ! Pensez donc, si nous en avions tous, il ne resterait pas une prune, pas un fruit sur nos arbres !

— Vous croyez cela, père Philippe ?

— Si je le crois !... Eh ! voyez donc par vous-même, monsieur. Je ne suis qu'un ignorant, mais il ne faut pas beaucoup de science pour comprendre ce qu'on voit de ses propres yeux. Quel sort que vous soyez venu juste en ce moment ! Voyez donc, voyez !... »

Nous étions précisément au pied d'un des plus beaux pruniers du verger. Des centaines d'abeilles se succédaient à l'envi sur ses blanches fleurs et semblaient même s'en disputer la possession. On en voyait souvent deux ou trois suspendues à la même fleur, et quelquefois celle-ci, succombant sous ce poids inusité, se détachait, et entraînait dans sa chute les *avides petites bêtes*, comme disait le fermier.

M. Sarrazin attendait que je prisse la parole comme cela avait été convenu. Le fermier éprouvait cette satisfaction intérieure que donne la certitude d'avoir triomphé d'un adversaire plus habile que soi.

« Examinons consciencieusement si le père Philippe a raison, dit enfin M. Sarrazin, et, si cela est, j'en conviendrai franchement, et il ne sera plus question d'établir un rucher sur ce domaine. »

J'avais eu le temps de faire mes observations ; mais je pensais justement que la seule manière de convaincre le père Philippe était de démontrer la vérité par des preuves visibles. Saisissant donc une branche chargée de fleurs, j'expliquai très-clairement que les abeilles ne pouvaient être accusées que de faire choir quelques instants plus tôt celles dont le fruit n'aurait jamais atteint l'époque de la maturité. « Ainsi, loin d'être nuisibles à vos arbres fruitiers, les abeilles semblent chargées par la Providence d'un travail tout particulier. Voyez, » ajoutai-je en montrant un gros bourdon velu, six fois plus lourd au moins qu'une abeille ordinaire, qui se pendait aussi aux fleurs, et qui cependant n'en faisait pas tomber plus qu'elles.

Je fis observer au père Philippe que, parmi les fleurs formant un même bouquet, il ne s'en trouvait qu'une ou deux, rarement trois, dont le pédoncule fût fortement soudé à la branche ; les autres, n'étant évidemment pas destinées à fructifier, devaient tomber naturellement aussitôt après la floraison. Celles qui résistaient à cette première crise se détachaient plus tard, après un commencement de fructification, épuisant ainsi fort inutilement une partie de la séve destinée aux jeunes fruits seuls capables d'acquérir toute leur croissance.

Le fermier était ce qui s'appelle un homme droit et rempli de sens. Il n'hésita pas à avouer que mes observations étaient justes ; il convint même de bonne grâce que, si toutes les fleurs parvenaient également à fructifier, les arbres épuisés ne tarderaient pas à périr, ou seraient des années avant d'être en état de donner une nouvelle récolte.

M. Sarrazin était enchanté de voir son fermier dans d'aussi bonnes dispositions ; il appuya chaudement les dernières considérations qu'il venait d'ajouter de lui-même, et qui déchargeaient les abeilles des méfaits dont on les accusait injustement.

« Il est encore, dis-je, un autre motif qui milite en faveur des insectes qui se nourrissent de miel et de pollen ; c'est qu'ils paraissent chargés d'une mission assez importante, celle de favoriser la fructification. Lorsqu'une abeille vient se poser sur une fleur et cherche à pénétrer jusqu'au réservoir du miel, elle occasionne une agitation, un ébranlement qui fait élever, comme un petit nuage, la poussière contenue dans les étamines ; le pistil la reçoit et la fécondation s'opère. En volant de fleurs en fleurs, on pourrait croire que les abeilles favorisent également l'abâtardissement des espèces, mais il n'en est rien. Hors des cas tout à fait exceptionnels, ces insectes, obéissant à une loi de la Providence, ne vont pas compléter un chargement sur une fleur d'espèce différente de celle qu'ils viennent de quitter. »

Le fermier dit alors qu'il ne s'opposait plus au projet de M. Sarrazin. « Et vous ferez sagement, ajouta celui-ci. D'ailleurs, n'est-il pas juste que vous profitiez du miel que les abeilles étrangères viennent puiser dans vos fleurs sans que vous puissiez les en empêcher? Vous êtes trop bon de le laisser prendre à d'autres!... » Cette saillie fit rire le brave homme, et il fut convenu qu'à la saison des essaims on lui donnerait six ruches à cheptel.

Les considérations que je viens de développer suffisent sans doute pour démontrer jusqu'à l'évidence quelle doit être l'importance et quels peuvent être les bienfaits de l'apiculture. Il ne sera peut-être pas inutile d'ajouter, avant d'entrer en matière, que, dans cet ouvrage, non plus que dans ceux que j'ai écrits précédemment sur les abeilles, je ne me suis jamais écarté de la vérité, même pour donner plus d'animation à mes récits. J'ai vu tout ce que j'ai décrit, ou j'ai cité scrupuleusement les auteurs dignes de confiance auxquels j'emprunte quelques faits intéressants. Mes lecteurs peuvent donc ajouter une foi entière à mes assertions; car, loin d'adopter aveuglément tout ce qu'il y a de merveilleux dans l'histoire des abeilles, je n'ai point mentionné ce qui me paraissait douteux et n'avait pas acquis une véritable sanction par des expériences répétées. Et pourtant je n'ai rien négligé pour pénétrer les mystères dont elles aiment à s'environner.

Les auteurs que j'ai le plus consultés sont Réaumur, Schirac, Maraldi, Bonnet, et surtout le célèbre aveugle de Genève, dont les observations consciencieuses, décrites avec autant d'exactitude que de sincérité, ont dissipé tant d'erreurs et ont fait faire de si grands progrès à l'apiculture. J'ai répété à plusieurs reprises les expériences de mes devanciers, et leurs découvertes bien constatées ont pu devenir pour moi le point de départ de nouvelles observations que je soumets avec confiance aux investigations de ceux qui viendront après moi.

PREMIÈRE PARTIE

MŒURS DES ABEILLES

CHAPITRE PREMIER

Prise de possession d'une ruche. — Fondation du premier édifice.

Il eût été fort difficile de décrire tout ce qui se passe dans la demeure des abeilles sans y pénétrer pour ainsi dire avec elles, afin de les suivre au milieu de leurs travaux. Pour y parvenir, il ne suffisait point de les loger entre deux verres transparents, ainsi que quelques personnes se l'imaginent. Cette étroite prison ne leur permet pas d'agir librement comme lorsqu'elles peuvent construire plusieurs rayons les uns à côté des autres; leur instinct en est altéré, et il devient impossible d'assister aux scènes intéressantes qui ont lieu lorsque rien ne les contrarie.

Il fallait donc avoir recours à diverses combinaisons, et surtout à la ruche en feuillet de M. Huber, la meilleure pour ce genre d'exploration. Cela dit, si mes lecteurs veulent profiter de mon expérience sur ce sujet, je me charge de les guider à travers les nombreux détours de cette mystérieuse demeure et de les initier à tous les détails de la vie intérieure des abeilles.

Le moment le plus favorable pour commencer nos observations est celui de la fondation d'une colonie. Partant de ce point, nous assisterons à tous les événements intéressants qui se passent dans l'intérieur d'une ruche, depuis l'entrée en possession des abeilles jusqu'au moment où, devenue riche et nombreuse, la population procède à la fondation d'une nouvelle colonie.

Ce laps de temps renferme dans nos climats une année révolue. Il y a cependant quelques exceptions à cette règle, mais elles sont assez rares.

J'ai remarqué que, le jour où les abeilles prennent possession de leur demeure, elles ne se livrent à aucun travail extérieur et n'établissent même pas de sentinelles.

Fatiguée d'un vol prolongé, la reine, qui depuis une année entière n'a fait aucun usage de ses ailes, se promène sur une espèce de rideau que forment les abeilles accrochées les unes aux autres.

Si une abeille ordinaire veut parcourir le même chemin que la reine, on la saisit au passage et on l'oblige à faire partie des guirlandes dont se compose le rideau ; mais la reine est toujours libre de se diriger où bon lui semble ; jamais ses sujettes n'osent l'arrêter dans sa marche ; au contraire, elles lui ouvrent un passage que sa suite traverse librement, car elle ne parcourt jamais sa ruche sans être environnée d'un grand nombre d'ouvrières chargées de veiller à tous ses besoins.

Les unes lui brossent le ventre, lui passent légèrement leur trompe sur les ailes, enlèvent la poussière qui pourrait ternir la transparence de ses yeux; d'autres lui offrent de légères collations dont elle semble avoir constamment besoin. Ces petits repas consistent dans une gouttelette de miel le plus pur, que ses suivantes lui présentent au bout de leur trompe et que la reine accepte toujours.

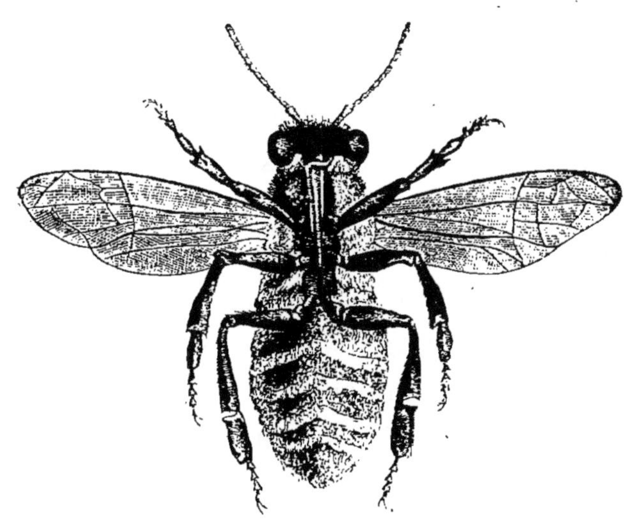

Abeille vue au moment où les lames de cire se laissent apercevoir.

Les abeilles formant le rideau restent dans une immobilité parfaite; néanmoins, en regardant attentivement, on voit sortir peu à peu d'entre les interstices des anneaux de leur abdomen de petites lames d'une matière blanche et transparente dont on connaîtra bientôt l'usage. Ces abeilles sont les plus grosses de l'essaim ; leurs poils sont, ainsi que leurs ailes, mieux conservés, leurs couleurs plus fraîches. Je pense que ce sont les plus jeunes de la peuplade ; ce qui me le fait croire, c'est que la plupart des insectes se dessèchent en vieillissant et paraissent plus petits que lorsqu'ils viennent de subir leur dernière métamorphose.

Pendant ce temps, quelques abeilles de petite taille (c'est-à-dire les plus vieilles) parcourent la ruche intérieurement et semblent l'examiner avec soin.

En prêtant une oreille attentive, on entend un bruit confus auquel on ne comprend rien d'abord ; mais on ne tarde pas à distinguer celui que font les ouvrières en rongeant certaines aspérités de la ruche ; ensuite on perçoit de petits sons dont l'intensité varie à l'infini. Quelquefois un son plus clair domine les autres et semble un ordre donné par un des chefs. Il est rare que la voix de la reine se fasse entendre dans ces premiers moments. Cependant il est positif que certaines intonations ont le pouvoir de faire cesser instantanément toute espèce de bruit, pendant un moment bien court, il est vrai ; puis le travail recommence. Il est d'autant plus facile de reconnaître ces divers bruits pendant le premier jour et la nuit suivante, que les abeilles n'ont pas encore établi de gardes régulières, comme cela a lieu dès le lendemain. Il n'y a point non plus de ventilatrices à poste fixe ; on voit clairement que le gouvernement n'est pas encore organisé. Cependant cette absence d'autorité n'empêche pas les cirières de continuer leur travail d'élaboration et de procéder à la construction des premiers rayons.

Bientôt une des abeilles faisant partie du groupe immobile dont l'abdomen laissait échapper ces petites feuilles transparentes dont j'ai parlé, se détache de la masse, traverse la foule, heurtant à droite et à gauche tout ce qui s'oppose à sa marche, et se dirige droit au centre de la ruche, où par un mouvement rapide, accompagné d'un tremblement singulier, elle se fait faire une place suffisante pour se livrer au travail que je vais décrire.

Elle insinue l'extrémité d'une de ses jambes de la troisième paire dans l'espèce de poche placée sous l'écaille d'un des anneaux de son abdomen, et saisit avec ses crochets la matière transparente conservant la forme de l'écaille qui lui a servi de moule; elle l'enlève et la porte à sa bouche en la faisant tourner et en présentant successivement les différentes saillies qui offrent le plus de prise aux dents. Cette matière, après avoir été mâchée, sort de la bouche de notre ouvrière sous la forme d'un ruban qu'elle enduit avec sa langue d'une espèce de liqueur blanchâtre, et alors on reconnaît facilement que ce petit ruban est de la véritable cire. Après avoir encore pétri et haché cette cire en parcelles très-menues, l'abeille la colle contre la voûte de la ruche. Prenant ensuite les écailles qui sortaient d'entre ses autres anneaux, elle leur fait subir la même préparation, après quoi elle se retire et une autre abeille vient la remplacer.

Un grand nombre de cirières se succèdent sans relâche, et l'ouvrage avance rapidement; mais la construction ne forme encore qu'une espèce de muraille raboteuse, inégale, d'un millimètre d'épaisseur sur vingt-deux à vingt-sept de longueur et quatre à cinq de hauteur.

Si vous voulez assister à l'édification des gâteaux, regardez cette petite abeille (une des vieilles) qui s'avance ; voyez comme elle tourne autour de ce bloc de cire presque informe, dont elle semble prendre les dimensions; maintenant elle va sculpter ces alvéoles qui sont l'objet de notre juste admiration. Se plaçant au centre d'un des côtés, elle travaille avec ses dents, se servant de sa langue pour humecter la cire et de ce que l'on nomme improprement sa trompe pour polir et unir les parties entre elles. Ayant bientôt épuisé la liqueur qui sert à rendre la cire malléable, ou peut-être se trouvant fatiguée, elle se retire, et une autre abeille lui succède immédiatement. Celle-ci continue l'ouvrage commencé, tandis que deux autres ouvrières, s'étant placées sur le bloc en construction, mais du côté opposé, commencent deux autres cellules, et, sans s'être servies d'autre instrument que ceux dont la nature les a douées, c'est-à-dire leurs antennes, leurs jambes, leur langue et son fourreau, elles parviennent à mesurer la distance avec une exactitude extraordi-

Langue d'une abeille.

naire, de manière à conserver à leur ouvrage cette admirable symétrie qui a de tout temps excité l'étonnement des savants eux-mêmes.

Pendant ce temps, les cirières continuent à prolonger le mur, et, à mesure que les premières cellules se construisent, de nouvelles sont ébauchées. Un grand nombre d'abeilles pouvant alors s'en occuper en même temps, l'ouvrage avance avec une rapidité merveilleuse.

Mur de cire, premier alvéole.

Dès que le premier rayon a atteint de $0^m,05$ à $0^m,08$ de hauteur, les abeilles en commencent simultanément deux autres à $0^m,03$ de distance du premier. C'est donc la position du premier qui détermine presque toujours celle des autres et de toutes les constructions subséquentes.

Voilà comment les abeilles procèdent à l'édification de ces charmants ouvrages en cire, si réguliers, si parfaits, que l'homme le plus habile ne pourra jamais en produire que de grossières imitations !

Il arrive cependant que les abeilles n'observent pas

toujours cet ordre admirable, cette précision surprenante qui nous confond ; on remarque souvent, en dépouillant les ruches, des rayons grossièrement travaillés, à peine ébauchés, tout contournés, et qu'on serait tenté d'attribuer à d'autres êtres qu'à ceux qui ont élevé ces constructions légères et élégantes dont la perfection est incomparable.

Il serait difficile de donner de ces faits une explication complète. Cependant j'ai remarqué que les abeilles abandonnées à elles-mêmes offrent rarement ces bizarres constructions, tandis que celles qui sont dérangées dans leurs travaux, celles que l'on nourrit, comme cela arrive quelquefois chez les apiculteurs novices ou ignorants, paraissent oublier les règles de leur architecture. Il suffit souvent de changer l'orientation de leur demeure pour les engager à disposer autrement les édifices déjà commencés.

Cet affaiblissement de l'instinct des animaux soumis à l'empire de l'homme est, au reste, un fait reconnu. Les abeilles ne pouvaient échapper à cette loi qui fait perdre au castor son talent constructeur, aux oiseaux domestiques l'art de se bâtir un nid, et qui rend le ver à soie incapable désormais de pourvoir de lui-même à sa nourriture.

CHAPITRE II

La reine. — Les butineuses. — Les gardiennes
Les ventilatrices.

Les abeilles ont-elles une reine, ou plutôt le nom de reine convient-il à l'abeille mère ? Quelques personnes paraissent en douter. Il leur semble que, les abeilles vivant en communauté, ce titre imposant ne peut que donner de fausses idées sur leurs mœurs, que c'est, pour ainsi dire, leur attribuer des notions de gouvernement fort au-dessus de cette espèce d'intelligence que nous appelons instinct. D'ailleurs, si l'on pouvait supposer un instant que ces nombreuses réunions d'insectes qui vivent en commun eussent une forme de gouvernement quelconque, il serait plus juste de dire la république des abeilles que de recourir au nom pompeux de monarchie. Comme cette question n'a d'importance que parce qu'elle se lie intimement à l'histoire naturelle de ces peuplades intéressantes, je pense qu'on ne me saura pas mauvais gré de m'arrêter un moment sur ce sujet.

Et d'abord, il est nécessaire de s'entendre sur ce

que l'on doit considérer comme un gouvernement. Il me semble que, lorsqu'un peuple consent à se soumettre à de certaines lois, lorsque tous les individus qui le composent font abnégation de leur propre volonté pour suivre celle d'un chef, et, en l'absence de ce chef, celle de la majorité, on peut avancer hardiment que ce peuple possède un gouvernement.

Or, chez les abeilles, on rencontre ces deux conditions. Je prouverai qu'elles sont entièrement soumises à l'autorité d'un chef et que, dans les interrègnes, elles subissent paisiblement les lois de la majorité. Bien plus, si elles pouvaient se soustraire un moment à ces lois impérieuses, elles retomberaient à l'instant dans la classe de ces insectes incommodes dont l'existence est souvent un fléau pour l'homme.

Pour répondre à ceux qui refusent au chef de ce gouvernement toutes autres prérogatives que celles qui ressortent naturellement de sa qualité de mère, je dirai qu'à moins de reconnaître dans les abeilles un degré d'intelligence bien supérieur à celui que nous croyons devoir nous attribuer à nous-mêmes, on ne saurait concevoir qu'elles eussent la moindre idée des sentiments et des devoirs qui lient pour un moment les petits des animaux à leur mère.

Comment les abeilles pourraient-elles savoir que c'est à la reine qu'elles doivent l'existence, puisque, une fois la ponte terminée, celle-ci ne se mêle en aucune manière de l'éclosion des œufs, qu'elle laisse entièrement aux nourrices la charge de pourvoir aux besoins et à l'éducation des larves ; que, lorsque celles-ci ont acquis tout leur développement, ce sont encore les nourrices qui scellent, au moyen d'un couvercle de cire, la cellule où la nymphe doit subir sa dernière transformation; et enfin, qu'au moment où la jeune abeille sort de sa prison, les ailes et le corps tout humides de transpiration, dans cet instant solennel où, en sa qualité d'insecte parfait, elle entre en jouissance de tous ses droits, ayant des yeux pour voir et une intelligence pour apprécier ses rapports avec les êtres qui l'environnent, ce sont encore ses vieilles sœurs les nourrices qui lui prodiguent tous ces soins que sa faiblesse réclame et lui offrent la première goutte de miel?

La reine ne s'inquiète donc point si sa nombreuse progéniture a tout ce qu'il lui faut; elle laisse ces petits détails de ménage aux vieilles abeilles, dont le zèle et l'expérience suppléent à tout ce que l'instinct de la maternité peut inspirer de plus tendre.

Il est impossible que les abeilles sachent que ce chef absolu, objet de l'amour et du respect de la population tout entière, mais qu'elles ne connaissent que pour l'avoir entrevu pendant ses courses dans les environs de leurs berceaux, est leur mère. Je le répète, il faudrait pour cela les croire douées d'une intelligence bien supérieure à l'idée que nous nous en formons. Et les hommes qui ne veulent voir dans ces insectes que de petites machines ingénieusement organisées pour remplir le but de la nature, mais entièrement privées d'intelligence, que répondront-ils à ces faits?

C'est donc à un autre titre qu'à celui de mère que l'abeille mère doit l'obéissance et le respect dont elle est entourée, et les anciens, qui lui donnaient le titre de roi parce qu'ils ignoraient son sexe, avaient reconnu avec raison que la ruche est une petite monarchie. Nous verrons assez par la suite quelles sont les fonctions, quels sont les attributs de la reine ; revenons à notre colonie naissante.

Nous avons dit que, le premier jour de leur établissement, les abeilles ne s'occupaient guère de la police et de la garde de leur demeure. On pourrait presque conclure de ce fait que la reine n'a pas encore *organisé son gouvernement*. Mais, dès le lendemain, tout prend un aspect différent.

Aussitôt que le jour paraît, un certain nombre d'abeilles parcourent la ruche dans tous les sens. Les unes se dirigent vers l'entrée, et y établissent une garde plus ou moins nombreuse, suivant l'importance de la population ; puis elles continuent l'inspection de leur demeure, visitant les crevasses, comme les aspérités, avec un soin tout particulier. D'autres viennent reconnaître les environs de la ruche, sans cependant s'éloigner de l'entrée. Parmi celles qui ont été commises à la garde de la porte, il s'en trouve dont les fonctions consistent à *battre le rappel*, pour me servir d'une expression consacrée par l'usage, et qui, du reste, exprime parfaitement un des actes les plus étonnants de ce petit peuple. Celles qui se chargent de ces pénibles fonctions se placent ordinairement la tête tournée du côté de l'intérieur, les jambes postérieures tendues de manière à élever l'abdomen plus haut que la tête, et, dans cette posture singulière, elles exécutent un battement d'ailes très-rapide, qui

Abeilles faisant la garde à l'entrée de leur demeure.

produit un bourdonnement clair, bien connu des apiculteurs.

Dès ce moment, une certaine agitation se manifeste

dans le groupe immobile et arrondi qui descend du haut de la ruche. On voit les abeilles faire des efforts pour se détacher des guirlandes dont le groupe est formé, et ce n'est qu'à grand'peine qu'elles parviennent à dégager leurs jambes des étreintes de celles de leurs compagnes. Dès qu'elles sont libres, elles se dirigent en toute hâte vers le lieu où on bat le rappel; elles franchissent la porte, et, après avoir examiné l'état de l'atmosphère, du moins on pourrait le croire en voyant le singulier balancement de leurs têtes à droite et à gauche, elles s'élancent à la recherche des provisions qui leur sont nécessaires; toutefois, à leur première sortie, elles ne s'élèvent dans les airs qu'après avoir voltigé autour de leur demeure pour en reconnaître la position : mais ce n'est pas le moment de les suivre dans leurs courses lointaines.

Il ne faut pas confondre les abeilles chargées de battre le rappel avec celles dont les fonctions paraissent les mêmes aux yeux du vulgaire, mais sont en réalité bien différentes. Les premières ont pour mission d'appeler les butineuses et de les inviter à la récolte; les autres remplissent un devoir impérieux, d'où dépend la santé et la vie même de la population tout entière. Elles sont chargées de renouveler l'air, qui autrement ne tarderait pas à être entièrement corrompu; car une ruche contient souvent une réunion de trente à cinquante mille petits êtres dont la respiration vicie d'autant plus vite l'air intérieur, qu'il ne se trouve ordinairement qu'une seule ouverture à leur demeure.

Voici la manière dont elles procèdent pour obtenir ce résultat : quelques-unes d'entre elles se placent à l'entrée de la ruche, à peu près dans la même position que les gardes chargées de battre le rappel. Là elles agitent vivement leurs ailes, non pour produire le son dont j'ai parlé, mais uniquement pour ébranler et déplacer la colonne d'air. D'autres abeilles, échelonnées depuis le bas de la ruche jusqu'à son sommet, selon qu'il s'agit d'expulser plus ou moins promptement l'air vicié, forment ainsi une espèce de chaîne qui établit une communication directe entre l'air extérieur et celui de l'intérieur. C'est grâce à leurs efforts réunis qu'on voit s'établir un véritable courant qu'elles savent modérer selon leurs besoins et qui, attirant l'air extérieur, rétablit dans toute sa pureté l'atmosphère qu'elles respirent. Cette admirable disposition n'a pas seulement pour but d'introduire un air pur, mais elle sert en même temps à régler le degré de chaleur nécessaire aux abeilles.

Nous reviendrons sur cet important sujet, lorsqu'il s'agira de démontrer les inconvénients d'une exposition trop chaude. En attendant, contentons-nous de dire qu'il s'élève des ruches exposées à l'ardeur du soleil une vapeur aromatique de miel, de cire et de propolis, si forte, si pénétrante, que les personnes qui en ont l'habitude reconnaissent sans jamais se tromper le voisinage d'un rucher. D'après cela, il n'est pas surprenant que les animaux ennemis des abeilles, ou plutôt envieux des produits de leur industrie, soient attirés de très-loin, ainsi que tous les insectes qui vivent aux dépens des abeilles, tels que les guèpes, les papillons têtes de mort et surtout les phalènes, dont la larve se nourrit de pollen bien plutôt que de cire.

Les ruchers exposés au grand soleil sont aussi plus souvent décimés par ces terribles guerres que les abeilles se font entre elles, et dont le pillage est toujours le motif principal. Or, dans les temps ordinaires, il est très-difficile à celles qui sont étrangères à la population de pénétrer dans une ruche : les gardes chargées de veiller aux portes n'en permettent l'entrée qu'aux seules habitantes, comme je le dirai tout à l'heure. Mais dès que la chaleur, se faisant sentir trop vivement, exige l'emploi d'un grand nombre de ventilatrices, une surveillance exacte devient presque impossible, et les abeilles étrangères, qui le savent bien, choisissent ce moment pour s'insinuer dans la place et, en dépit des gardiennes, passent librement au milieu de cette multitude occupée à battre des ailes. C'est un fait que j'ai observé très-souvent.

CHAPITRE III

Vigilance des abeilles. — Leur langage.
Délicatesse de leur toucher.
Leur prévoyance dans la recherche d'un établissement.

Une des choses qui frappent le plus l'observateur, parce qu'elle se passe sous ses yeux chaque fois qu'il visite ses ruches, c'est l'extrême vigilance des abeilles. Une garde courageuse et dévouée veille constamment à l'entrée de leur demeure. La nuit comme le jour on voit ces petits êtres se promenant d'un air inquiet, attentifs au moindre mouvement, à la plus légère agitation, et toujours prêts à s'élancer sur l'ennemi assez audacieux pour venir les troubler. Et ce n'est pas seulement au moyen du toucher, de la vue ou de l'ouïe, qu'elles reconnaissent sa présence, c'est encore l'odorat qui leur sert à le découvrir : c'est même celui de leurs sens qui est le plus exercé et le plus utile pour leur aider à découvrir l'arbre fleuri ainsi que l'approche d'un être nuisible.

Souvent un fort bourdonnement se fait entendre sans que l'on sache la cause ; que l'on jette son regard dans les environs du rucher, et on verra, du côté où le vent souffle, l'animal qui a causé cette agitation. Il y a des personnes dont l'odeur est insupportable aux abeilles, tandis que d'autres peuvent s'en approcher impunément.

Si l'on veut maintenant examiner quels sont les moyens de communication que la nature a donnés aux abeilles, on peut dire en toute vérité qu'entre tous les êtres de la création elles possèdent seules, l'homme excepté, le rare privilége de se transmettre les nouvelles qui peuvent les intéresser ; on pourrait même donner à cette merveilleuse faculté le nom de langage, si cette expression ne blessait nos idées sur les bornes que nous mettons à l'intelligence des animaux.

Je serais désolé si mes lecteurs s'imaginaient que je me laisse séduire par mon admiration pour les abeilles ; je les prie donc instamment de ne point m'accuser d'inexactitude, avant d'avoir eux-mêmes répété mes expériences, et surtout de les avoir observées avec une attention soutenue ; car il est impossible de pénétrer les mystères qu'offre l'intérieur d'une ruche sans en avoir fait une étude particulière : c'est comme si un aéronaute, planant au-dessus d'une grande ville, voulait nier que le peuple inconnu qui s'agite au-dessous de lui prononce des mots distincts, parce qu'à la hauteur où il se trouve il n'entend qu'un bruit confus et des sons à peine articulés.

J'ai promis des détails sur les mœurs des abeilles, et non un roman. Je ne sortirai donc pas des bornes que je me suis imposées, et je ne dirai que ce que j'aurai vu de mes propres yeux ou puisé dans les ouvrages d'auteurs dont personne n'oserait mettre en doute l'exactitude et la bonne foi.

Quand j'ai parlé du langage des abeilles, je n'ai pas entendu attribuer à cette expression le sens que nous lui donnons alors qu'il s'agit de l'espèce humaine. Les abeilles possèdent, il est vrai, un moyen sûr et prompt de se communiquer les événements qui peuvent les intéresser; dans ce but la nature les a richement dotées de deux sens, tandis que les autres animaux, même ceux des classes supérieures, ne peuvent en employer qu'un seul à cet usage. Elles possèdent l'organe du toucher à un degré plus élevé que la plupart des êtres créés; et on sait que cet organe, quoique très-développé chez certains quadrupèdes, ne peut leur être d'aucune utilité pour exprimer leurs sensations. L'organe de la voix, seul moyen de communication à la portée des animaux, est de même employé par les abeilles, cela est certain, tandis qu'il a été refusé à tous les autres insectes. Elles sont donc les seuls êtres qui, comme l'homme, peuvent s'entendre également en produisant des sons et en se servant du toucher. Or, les antennes de ces insectes se prêtent à toutes les inflexions nécessaires pour remplir ce but.

Les antennes sont composées de douze articulations qui peuvent se mouvoir dans tous les sens; elles sont si flexibles qu'elles embrassent les plus petits objets, et leur sensibilité est extrême.

C'est au moyen de ces espèces de doigts que les abeilles, comme les fourmis, peuvent se diriger dans l'obscurité où leur demeure est ordinairement plongée. Organes parfaits du toucher, elles leur suffisent pour accomplir, sans le secours de la vue, les merveilleux travaux qui confondent nos idées. Quant aux fourmis dont je viens de prononcer le nom, elles sont privées de l'organe de la voix, et tandis que la demeure des abeilles est animée de mille sons divers, celle des fourmis reste toujours silencieuse comme la tombe ; il en est de même des guêpes et autres insectes qui vivent en société.

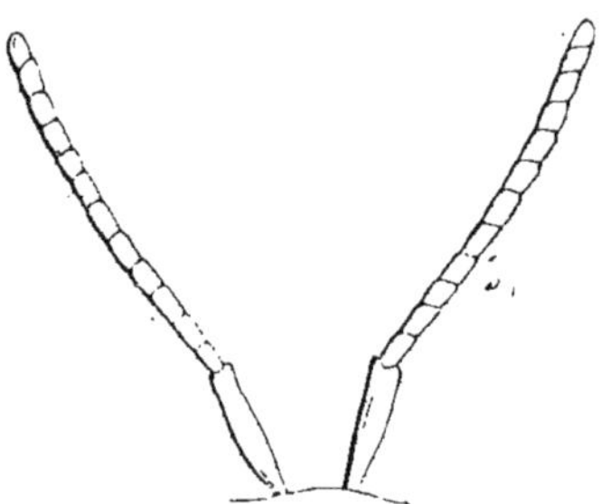

Antennes vues au microscope.

Approchez-vous d'une ruche bien peuplée, le soir, au moment où tout est paisible et silencieux autour de vous. Vous n'entendrez d'abord qu'un bourdonnement confus, comme si vous passiez dans l'air audessus d'une grande cité; mais peu à peu vous saisirez la nature des sons et vous les distinguerez les uns des autres. Vous reconnaîtrez d'abord le sourd et monotone bourdonnement des ventilatrices, puis les mille petits bruits dont j'ai déjà parlé. C'est le travail incessant des ouvrières occupées à ronger les aspérités du bois ou de la paille dont est composée leur demeure ; c'est l'activité des abeilles qui liment et polissent leurs cellules.

Parmi ces bruits de diverse nature, vous entendrez les petits sons que donnent les gardiennes, presque chaque fois qu'elles rencontrent une abeille errant dans les lieux confiés à leur vigilance. Ces petits sons pourraient être comparés à celui que produirait une trompette en miniature. L'abeille qui le fait entendre le proportionne à l'importance de l'individu qui en est la cause. Ainsi, il acquiert tout à coup une force inusitée quand c'est un ennemi qu'elle veut signaler à ses compagnes. Alors ce son est répété par toutes les surveillantes qui sont répandues jusque dans les profondeurs de l'édifice. Aussitôt elles accourent pour prêter main-forte à la garde, et, si ce renfort n'est pas jugé suffisant, elles répètent le cri d'alarme, qui met sur pied la population tout entière.

On se tromperait fort si on supposait que ces voix se font entendre machinalement sans but comme sans résultat. Chacune de ces inflexions a une signification particulière que les abeilles saisissent parfaitement. Il en est de même de l'organe du toucher. Lorsqu'elles se servent de ce moyen de communication, elles peuvent très-bien se faire comprendre de leurs compagnes, et se transmettre les nouvelles avec une facilité qui tient du prodige.

Lorsque arrive une abeille qui a une grande nouvelle à faire connaître, elle se précipite dans la ruche; mais les gardes l'environnent aussitôt, et, pour s'en délivrer, elle a recours au meilleur des moyens, qui est de satisfaire leur curiosité.

Le langage des abeilles est très-bref et en même temps très-expressif. Aussitôt que la messagère a fait entendre deux ou trois petits sons et touché de ses antennes celles de ses sœurs, celles-ci courent répéter la même manœuvre avec d'autres abeilles, et en un moment la population est au fait de la grande nouvelle. Et qu'on ne s'imagine pas que cette nouvelle n'a rien de précis, qu'elle se borne à porter le trouble dans le petit État, que ce n'est enfin qu'une manière d'annoncer aux habitants de la ruche qu'ils doivent se tenir sur leur garde. Les dispositions que prennent les abeilles, suivant les circonstances et l'importance de la communication qui leur est faite, prouvent que la messagère a donné toutes les explications nécessaires.

Il est certain que la reine est une des premières à savoir de quoi il est question. Ceux qui ont pu observer son agitation dans des circonstances importantes, et le calme avec lequel elle accueille l'annonce d'une nouvelle ordinaire, telle que la découverte d'un champ nouvellement fleuri, d'un arbre suintant la miellée, d'un dépôt de matières sucrées, ne sauraient douter de l'exactitude de mes observations. Il en est de même à propos d'un animal étranger qui s'est introduit dans la ruche, et qu'il s'agit de débusquer ou de mettre à mort. La reine ne prend part à l'agitation générale que dans les circonstances réellement importantes, lorsqu'elle est obligée de pourvoir à sa sûreté.

Tout ce que je viens de dire repose sur des faits positifs, et voici quelques exemples qui viendront à l'appui de ce que j'avance ; je pourrais les multiplier à l'infini.

Si les abeilles agissaient sans raisonnement, comme on se plaît à le dire, elles ne prendraient aucune précaution, et s'abandonneraient au hasard lorsqu'elles vont au loin fonder de nouvelles colonies. Si au contraire elles donnent des preuves de prévoyance, ne fût-ce qu'une fois sur dix, on ne saurait leur refuser une apparence de jugement, surtout quand on réfléchit que dans ces circonstances elles n'agissent pas individuellement, mais qu'elles ne prennent leur résolution qu'après avoir, en quelque sorte, tenu un conseil avec la reine et le reste de la population.

Un soir, j'étais occupé d'une lecture intéressante, assis auprès de la croisée ouverte de mon cabinet d'études. Une ruche en bois, de nouvelle invention et qui n'avait pas encore servi, se trouvait par hasard sur l'appui de la fenêtre, où je l'avais déposée dans le but de l'examiner à mon loisir.

Les derniers rayons du soleil donnaient contre la ruche et pénétraient dans l'intérieur par l'ouverture qui devait servir d'entrée aux abeilles. Un vitrage occupait la partie opposée, me permettant ainsi de voir tout ce qui se passait intérieurement. J'ai dit que cette ruche n'avait pas encore servi d'habitation aux abeilles ; rien par conséquent ne pouvait les y attirer, ni sa forme, ni l'odeur de miel et de cire qu'exhale une vieille ruche, et encore moins celle beaucoup plus pénétrante de la propolis.

Je fus distrait de ma lecture par un bourdonnement clair : c'était une abeille qui semblait examiner attentivement cette ruche. Elle en visitait chaque partie extérieurement, comme si elle eût cherché une entrée et deviné que cette masse pouvait bien être creuse.

A force de parcourir cette boîte, toujours volant et sans jamais s'y poser, elle aperçut la fente étroite pratiquée dans la partie inférieure, mais elle ne s'y arrêta point d'abord; ce ne fut qu'après avoir de nouveau visité tout l'extérieur qu'elle vint prendre pied sur la petite planche qui servait de perron à l'édifice. Après s'être reposée un moment, car, à la précipitation avec laquelle les anneaux de son abdomen se contractaient et se dilataient, on voyait que son vol soutenu, et peut-être son bourdonnement fort et continu, l'avaient réellement fatiguée, elle se décida à entrer dans ce lieu inconnu. Mais ce ne fut qu'après bien des hésitations; elle paraissait craintive et n'osait pas s'aventurer dans les profondeurs de l'édifice.

Je ne perdais aucun de ses mouvements, grâce au faible rayon qui illuminait l'intérieur de la ruche. Après avoir exploré cette demeure dans tous les sens, l'abeille sortit enfin et reprit son vol; mais ce ne fut pas sans se retourner maintes fois, comme pour s'orienter, qu'elle disparut tout à fait.

Qu'était venue faire cette abeille ? Évidemment elle

n'était pas venue pour chercher du miel ou de la propolis.

Le lendemain, vers les dix heures, le soleil brillant de nouveau, mais ne donnant point sur la ruche ni sur la croisée, je vis tout à coup une cinquantaine d'abeilles qui, bourdonnant bien fort, tournoyaient autour de cette même ruche. Cette fois, elles ne firent pas trop de difficultés pour entrer : elles se montrèrent plus hardies que celle de la veille, soit que le rapport eût été favorable, soit qu'elles se sentissent en nombre pour repousser une attaque.

Elles visitèrent avec soin toutes les parties de la ruche. Cette exploration terminée, chacune d'elles se retira sans attendre les autres. Bref, un moment après, tout était redevenu silencieux comme auparavant.

Ma curiosité était vivement excitée ; j'avais lu, dans de vieux traités sur les abeilles, que ces insectes exploraient les environs de leur demeure avant de quitter la mère ruche : mais c'était leur supposer de la prévoyance ; or, les naturalistes n'admettent pas chez les animaux des facultés qui soient de nature à rivaliser avec celles de l'homme. Leur accorder de la prévoyance, c'était leur reconnaître une apparence de jugement, les croire capables de former un projet et de l'exécuter ; c'était enfin dépasser les bornes de ce qu'on est convenu d'appeler instinct.

Comme il s'agissait de vérifier un fait avancé par des auteurs respectables et nié par cette classe de savants qui trouvent infiniment commode de rejeter tout ce qui dérange leurs petits calculs, je me dévouai dans l'intérêt de la vérité et de la science, et je restai ferme à mon poste.

Heureusement, ma patience ne fut pas mise à une trop forte épreuve ; deux heures après le départ de ces abeilles, un essaim superbe vint s'installer dans cette ruche et confirmer ainsi toutes mes prévisions. D'après cela, pourrait-on hésiter à reconnaître que ces abeilles agissaient à peu près comme si elles eussent été douées de raison? Leur était-il possible de concerter un tel plan sans faire usage d'un langage quelconque?

Cependant, on pourrait croire peut-être que cet essaim provenait d'une de mes ruches, et qu'une ressemblance de forme ou d'aspect aura engagé des abeilles sur le point d'essaimer à entrer dans cette ruche et à y entraîner plus tard leurs compagnes. Cette explication serait assez naturelle et détruirait une partie du merveilleux qui existe dans mon récit : mais il n'en est rien. Ces abeilles venaient d'assez loin; elles sortaient d'une ruche en osier recouverte d'un surtout de paille, et par conséquent rien, dans la ruche nouvelle, ne devait leur rappeler leur ancienne demeure.

Enfin, comme on pourrait supposer qu'il m'a été difficile de constater d'où provenait cet essaim, ce qui laisserait peser un doute fâcheux sur ce fait intéressant, je suis heureux de pouvoir rassurer mes lecteurs à cet égard. Jamais fait n'a été mieux constaté que celui-là ; car l'essaim appartenait à un bon paysan qui, occupé à surveiller ses ruches, l'a vu s'élever et l'a suivi, ainsi que ses enfants, armé du poêlon de rigueur et de tout ce qui constitue le concert obligé qu'on offre aux abeilles en pareille circonstance. Ce brave homme, fort de son droit, vint me réclamer l'essaim, refusant tout net de me le laisser, bien que je lui eusse offert de le lui payer bien au delà de sa valeur.

Ce fait seul, dont j'ai été témoin, ne prouverait-il pas aussi que nos vieux auteurs n'ont pas toujours altéré la vérité, et que parfois même ils se sont montrés d'assez bons observateurs? L'un d'eux, qui écrivait il y a près de cent ans, dit positivement qu'avant son départ de la mère ruche l'essaim envoie des émissaires en quête d'une demeure. Nos modernes savants trouvent plus commode de nier ce qu'ils ne savent pas expliquer; mais un fait attesté par des hommes tels que Saint-Jean de Crèvecœur, D..chet, Buchepot, Dubost, Knight, Mabile, et bien d'autres encore, mérite pourtant quelque croyance. Il est d'ailleurs impossible de concevoir une entente aussi parfaite de toute une population sans admettre que les abeilles possèdent un moyen de se communiquer leurs idées; ce ne sera pas la parole, soit, mais ce n'en est pas moins un langage, un véritable langage; car enfin, suivons à son retour dans sa ruche l'abeille émissaire qui la première a découvert un domicile convenable. Si on lui refuse le moyen de se faire comprendre clairement, comment s'y prendra-t-elle pour engager ses compagnes à visiter la nouvelle demeure. Il faut donc nécessairement avouer que les abeilles ont un langage quelconque : toute autre supposition serait contraire au plus simple bon sens.

Je terminerai ce qui a rapport au langage des abeilles en priant mes lecteurs d'observer eux-mêmes l'admirable discipline à laquelle elles se soumettent volontairement. Ils auront certainement remarqué l'extrême vigilance des préposés aux barrières de Paris. Aucun individu ne peut passer ces portes de fer sans être l'objet d'un examen particulier. Voitures, chars à bras, paniers, sacs, tout ce qu'on voudrait introduire dans la ville est visité soigneusement. C'est un spectacle réellement curieux. Eh bien, il en est de même au pays des abeilles. Même vigilance, même examen, et plus rigoureux encore, avec cette différence toutefois qu'elles laissent le passage libre aux individus chargés, tandis qu'elles se montrent très-sévères envers ceux qui n'apportent rien !... Ceux-là ne peuvent entrer qu'après avoir échangé un mot d'ordre. Elles se servent de leurs antennes pour reconnaître l'abeille étrangère à la population. Tout individu qui veut pénétrer dans la ruche doit choquer ses antennes contre celles d'une des gardiennes ; s'il néglige cette précaution, on l'arrête aussitôt, et son procès est bientôt fait. L'une le saisit par la jambe, l'autre par un aile, et quelquefois elles se mettent cinq ou six autour de lui, chacune le tirant de son côté. Mais bientôt, lasses de contenir ce prisonnier, qui fait des efforts inouïs pour s'échapper, une d'elles monte sur son dos et tâche de lui plonger son dard au défaut de la cuirasse ou entre les anneaux. Quelquefois l'objet de tant de courroux est une pauvre abeille qui a peut-être oublié le mot d'ordre; mais au moment fatal la mémoire lui revient, elle répond au signal d'admission et se voit aussitôt relâchée.

Ces petites scènes m'ont toujours beaucoup intéressé, et je suis bien persuadé qu'elles ne trouveraient pas indifférents ceux qui pourraient en être les témoins, si toutefois ils y apportaient ce regard observateur qui découvre un monde nouveau là où le vulgaire ne voit qu'un rassemblement de petits êtres s'agitant sans raison et sans but.

CHAPITRE IV

La ponte des œufs. — Les abeilles nourrices. L'éclosion. — Expulsion des abeilles contrefaites. Destruction des mâles.

Nous avons laissé la colonie au second jour de son établissement, travaillant avec ardeur à la fondation de ces charmants édifices de cire. Quarante-huit heures se sont déjà écoulées depuis ce moment. Les rayons ont atteint près de seize centimètres de longueur sur huit ou dix de largeur. Celui du centre a déjà près de vingt-deux centimètres, et deux nouveaux rayons commencent à s'allonger parallèlement aux autres.

La reine, accompagnée d'une suite nombreuse, parcourt son habitation en tous sens, et, après avoir probablement témoigné sa satisfaction, elle remonte pour examiner la construction des alvéoles. On dirait qu'elle attend avec impatience que l'ouvrage soit assez avancé pour lui permettre de remplir le but de son existence, qui est de pondre les œufs d'où doivent sortir pour elle des époux, des rivales ou des sujettes.

Ce moment arrive enfin. Après avoir visité les travaux, la reine vient se placer sur la partie la plus avancée du gâteau le plus rapproché de l'entrée ; elle se penche sur le bord d'une des cellules les plus rapprochées, en considère avec soin l'intérieur, puis, satisfaite de cet examen, elle introduit son abdomen jusqu'au fond de la cellule et dépose dans un des angles un petit corps blanc, allongé, assez semblable pour la forme à un cocon de ver à soie légèrement étranglé dans son milieu.

C'est là un de ces œufs dont la reine abeille doit pondre des milliers presque sans interruption. Cet œuf, enduit d'une matière visqueuse, reste collé jusqu'à l'éclosion à la place où il a été déposé. Aussitôt après la ponte, les abeilles s'établissent sur les cellules qui contiennent des œufs, et semblent les couver : mais elles sont amenées là par un autre motif que je ne connais pas, car je me suis assuré que la seule chaleur de la ruche, que les abeilles savent maintenir de 27° à 30°, suffit à l'éclosion.

La distance que la reine abeille met entre la ponte de chaque œuf varie suivant la saison, l'abondance des fleurs, la chaleur de l'atmosphère, et d'autres causes que nous ignorons, mais qui peuvent être attribuées en partie à l'âge des reines : les vieilles sont bien moins fécondes, et cessent même de pondre à une certaine époque de leur vie.

Les petites abeilles, celles que l'âge a probablement rendues plus expérimentées, sont continuellement occupées à examiner les changements que la chaleur opère sur les œufs : cent fois par jour elles entrent, la tête la première, dans les cellules qui en contiennent ; souvent elles restent immobiles et comme dans l'attente d'un événement important. Enfin, le troisième jour, l'œuf, dont la peau est un peu ridée, commence à s'incliner tantôt d'un côté, tantôt de l'autre, et bientôt, par des mouvements subits et violents, le ver qui s'y trouve renfermé parvient à briser son enveloppe ; alors, fatigué de tant d'efforts, il s'étend tout de son long et paraît jouir d'un repos acquis par quinze ou vingt minutes d'agitation.

Après l'éclosion, les nourrices deviennent plus attentives encore ; elles commencent par débarrasser le jeune ver de l'enveloppe brisée qui pourrait le gêner ; ensuite elles déposent devant sa bouche un peu de gelée transparente, composée de miel et de pollen. Elles ont grand soin que les vers n'en manquent jamais, et, ce qui est digne d'observation, c'est qu'elles la placent de manière à ce qu'ils soient forcés d'avancer un peu pour l'atteindre. C'est une singulière façon de les obliger à prendre de l'exercice, autant du moins que leur forme, la privation des jambes et la petitesse de la cellule peuvent le leur permettre.

Dans l'état de repos, les larves sont un peu contournées sur elles-mêmes ; pendant cinq jours que l'insecte reste dans la forme de larve apode, il ne fait d'autres mouvements que ceux qu'il est forcé d'exécuter pour atteindre sa nourriture. Les larves des reines et celles des ouvrières restent cinq jours dans cet état ; celles des mâles six jours et demi ; puis elles subissent une mé-

Position d'une larve.

tamorphose qui les rapproche de la forme de l'insecte parfait.

Dès que les abeilles nourrices reconnaissent que les larves ont acquis tout leur accroissement, elles ferment hermétiquement chaque cellule avec un couvercle de cire. Savent-elles que le contact de l'air pourrait nuire à l'extrême délicatesse de leurs nourrissons à l'époque où ils se transforment en nymphes? On pourrait le croire.

Le couvercle de cire étant scellé, la larve commence aussitôt à se filer une coque de soie: ce travail dure vingt-quatre heures pour les reines, trente-six heures pour les mâles et les ouvrières. Après un repos de deux ou trois jours, suivant la chaleur de l'atmosphère, les larves se dépouillent de leur peau et deviennent des nymphes d'une blancheur parfaite.

Rien de plus élégant que cette nouvelle forme; à travers un masque transparent, on distingue parfaitement les yeux, les ailes collées contre le corps, enfin tout ce qui, plus tard, doit être animé d'un instinct si extraordinaire. Sous cette enveloppe, l'abeille ressemble parfaitement à une momie. En voyant ce petit corps d'une délicatesse si merveilleuse, on ne croirait jamais qu'il rampait naguère sous la figure ignoble d'un ver.

Dès l'instant où les nourrices ont scellé le couvercle sur l'alvéole qui contient la larve dont elles ont pris des soins si maternels, elles cessent de s'en occuper. C'est dans cette espèce de tombeau que, vingt et un jours après avoir été pondu, l'œuf de l'ouvrière devenu larve, puis nymphe, se dépouille de ses derniers langes.

Alors l'insecte ronge avec ses mandibules les portes de sa prison, et aussitôt que l'ouverture est suffisamment grande, il sort baigné de sueur, le corps mou et encore blanchâtre.

Ce n'est point immédiatement, comme l'ont avancé plusieurs auteurs, que les jeunes abeilles se livrent au travail et vont courir les champs. Leur corps n'a pas encore acquis assez de vigueur ; leurs ailes sont, dans les premiers moments, incapables de supporter le poids du corps. Elles restent donc dans l'intérieur de la ruche pendant un jour ou deux avant d'essayer leurs forces en voltigeant devant leur demeure, à l'heure où le soleil brille de tout son éclat.

Les nourrices, qui semblaient avoir oublié la larve dans son tombeau, prodiguent de nouveau leurs soins maternels aux jeunes abeilles, dont l'apparition est pour elles un véritable bonheur. On les voit s'occuper à les brosser, leur offrir du miel et tourner autour d'elles de l'air le plus empressé.

Cependant une loi impérieuse semble peser sur les abeilles et les obliger à sacrifier sans pitié leur affection aux devoirs que leur impose le bien-être général de la population. Pouvait-il en être autrement ? Chaque membre de la grande famille devant contribuer à sa prospérité, on comprendra sans peine que la nature ait obligé les abeilles à se défaire de tout individu mal conformé, incapable de pourvoir aux besoins de la famille et de la défendre contre ses ennemis. Aussi les jeunes abeilles nées avec quelque défaut de conformation qui les empêcherait de se rendre utiles sont-elles expulsées de la ruche par ces mêmes nourrices qui leur avaient prodigué tant de marques d'affection. Ici ce sont des ailes chiffonnées refusant de se déployer, là des antennes incapables d'exécuter les mouvements nécessaires, ailleurs quelque autre organe resté imparfait, qui nécessitent l'expulsion. Dès qu'un pareil défaut se manifeste, la pauvre estropiée est saisie par une ou plusieurs abeilles; on l'entraîne de force vers l'ouverture; là, une d'elles l'empoigne avec ses dents et, si elle est assez vigoureuse pour cela, elle l'enlève et l'emporte au loin. La pauvre victime périt bientôt de faim ou sert de pâture à d'autres insectes. Mille fois j'ai assisté à ces sévères exécutions, mais je n'ai jamais remarqué que les abeilles eussent poussé l'atrocité au point de tuer elles-mêmes leurs compagnes infirmes ; elles se contentent de les abandonner à leur triste sort. Il n'en est pas de même à l'égard des mâles ; les ouvrières hâtent leur fin à une certaine époque, sans que l'on ait pu savoir encore à quelle cause positive il faut attribuer le massacre qu'elles en font.

Quelques auteurs ont pensé que, la reine une fois fécondée, les mâles n'étaient plus considérés par les abeilles que comme des bouches inutiles, et que cette tuerie n'avait d'autre cause que des motifs d'économie. D'autres ont vu dans cette mesure rigoureuse une espèce de calcul, ce qui ne s'accorde point avec le faible degré d'intelligence qu'on leur suppose. En effet, craindre que la multitude des mâles ne soit une cause d'altération pour la ponte, c'est attribuer aux abeilles une bien grande prévoyance.

Quelle que soit la cause du massacre des mâles, il est certain qu'il a lieu chaque année à peu près à la même époque, vers la fin de juillet ou au commencement d'août. Dès que cette détermination est prise, les ouvrières se jettent avec fureur sur toute la race masculine. Elles percent de leurs dards empoisonnés les mâles vigoureux qui persistent à rentrer dans la ruche; ceux qui fuient périssent de faim et de misère, et on en voit des centaines se traînant péniblement sur le sol et se débattant en vain contre les petits insectes qui veulent en faire leur proie.

Les abeilles ne se bornent pas à cette expulsion violente : il faut que tout ce qui appartient au sexe masculin soit anéanti ; les œufs, les larves et les nymphes cessent tout à coup d'être les objets des soins les plus empressés ; elles semblent les prendre en horreur ; elles les arrachent de leur berceau, et, après avoir sucé la partie liquide contenue dans leurs entrailles, elles vont jeter au loin les petits cadavres mutilés !...

J'ai dit que les ouvrières passent vingt et un jours dans la cellule qui sert de berceau à la larve et de prison à la nymphe, depuis le moment où l'œuf a été pondu jusqu'à celui où l'insecte, arrivé à l'état d'abeille, en sort heureux et libre. Les œufs destinés à la royauté ne mettent que seize jours, et ceux des mâles en mettent vingt-quatre à subir ces diverses métamorphoses.

Je dois ajouter qu'en fixant ainsi le nombre de jours et d'heures que les abeilles passent à l'état d'œuf, de larve et de nymphe, je ne fais que me conformer aux assertions des plus savants naturalistes, mes propres observations ne m'ayant pas toujours donné les mêmes résultats. Ainsi j'ai acquis la certitude que l'espace de temps indiqué peut varier de plusieurs jours, suivant l'élévation ou l'abaissement de la température.

CHAPITRE V

Variétés d'ouvrières. — Récolte du miel, du pollen, de la propolis.
Usages divers de la propolis. — Importance du pollen. Nourriture des larves.

Certains auteurs prétendent qu'il existe plusieurs variétés d'ouvrières ; cette observation est-elle bien exacte? y a-t-il réellement de grandes et de petites ouvrières incapables de remplir telle ou telle fonction?... Hubert a parlé de cette diversité comme d'une chose qui méritait d'être attentivement observée, mais il ne l'a pas affirmée positivement. De nos jours, on est revenu sur ce sujet, et, sans avoir acquis aucune preuve, on n'a pas craint de donner cette supposition comme une chose avérée. Nos devanciers étaient plus jaloux de leur réputation d'observateurs véridiques. Quant à moi, voici ce que j'ai remarqué sur ce sujet ou vu de mes propres yeux. On sait que les alvéoles qui ont servi à un grand nombre d'éducations se trouvent à la fin fort rétrécis par les toiles dont les larves ont tapissé leurs parois et que les abeilles ne savent ou ne peuvent jamais enlever. Or, ce rétrécissement, d'abord insensible, devient, au bout de quelque temps, assez remarquable pour avoir une influence fâcheuse sur la taille de l'insecte qui y naît : il ne peut y prendre le développement nécessaire. Cette cause toute naturelle explique la différence de taille qui existe entre des abeilles d'une même ruche; cette différence est plus sensible encore si la ruche renferme des rayons de construction très-ancienne et des alvéoles récemment bâtis.

S'ensuit-il de là que ces petites abeilles ne puissent remplir les mêmes fonctions que les autres, et que celles dont la taille est plus développée soient inhabiles aux soins du ménage? Je ne saurais le croire, car ce fait me semblerait contre nature. Au reste, malgré les investigations les plus actives, je n'ai rien observé qui soit propre à le confirmer. Mais ce dont j'ai acquis l'entière certitude, c'est que les jeunes abeilles se consacrent particulièrement à la récolte du miel et du pollen et à l'élaboration de la cire; je ne les ai jamais surprises soignant les larves, bâtissant et terminant les alvéoles, employant la propolis comme je l'ai dit plus haut, se vouant enfin aux soins du ménage. J'ai souvent donné à quelques abeilles enfermées des portions de gâteaux contenant du couvain à élever, et quand parmi ces prisonnières il s'en trouvait de vieilles, elles en prenaient soin, tandis que les jeunes abeilles ne s'en occupaient jamais. Elles laissaient mourir de faim ces larves, et ne savaient ou ne voulaient pas même couvrir et sceller celles dont l'accroissement était terminé. Cependant je ne me hâterai pas de conclure : ce serait imiter ceux dont je blâme la témérité.

Quoi qu'il en soit de ces prétendues variétés, est-il rien de plus intéressant que de voir dans une belle journée de printemps cette multitude d'abeilles se précipiter hors de la ruche et s'éloigner de toute la vitesse de leurs ailes dans toutes les directions, tandis que d'autres, en pareil nombre, arrivent en droite ligne des lieux où elles ont été butiner ? Mais comment s'y prennent-elles pour se charger de toutes ces petites boules ou plutôt de ces petits pains rouges, bleus, jaunes, verts, de toutes les nuances enfin, que vous voyez attachés à leurs jambes postérieures lorsqu'elles arrivent ? J'ai observé qu'elles ont pour règle invariable de ne jamais entrer successivement dans des fleurs de familles diverses. Lorsque je parlerai de la nourriture des jeunes reines, j'aurai occasion de revenir sur ce sujet. Il est très-probable qu'elles ont besoin de garder pur de tout mélange le pollen qu'elles destinent aux larves dont les fonctions ne sont pas les mêmes.

Voyons maintenant comment elles s'y prennent pour récolter le miel et se charger du pollen. Suivons l'une d'elles sur une fleur de melon, par exemple Le pollen de la famille du cucurbitacé est d'un jaune plus ou moins pâle ; on en voit aussi de jaune foncé, d'orangé et presque rougeâtre. Celui du melon est ordinairement d'un assez beau jaune. A peine descendue dans la fleur, l'abeille entr'ouvre un des sacs où se trouve la poussière fécondante, qui est à l'état de pâte molle. Elle en saisit avec ses mandibules une petite quantité et la fait entrer de force dans les deux petites corbeilles dont ses jambes de derrière sont pourvues; elle s'aide, à cet effet, de l'organe qu'on nomme improprement sa trompe, dont elle se sert comme d'un battoir. Aussitôt que sa provision de pollen est faite, elle descend au fond de la fleur, perce le réservoir qui contient le miel, et y introduit sa trompe; comme le nectar est abondant dans ces fleurs-là, il lui faut peu de temps pour en emplir sa vésicule. Chargée de butin, elle prend directement la route la plus droite pour retourner à sa ruche, qu'elle reconnaît sans jamais s'y méprendre.

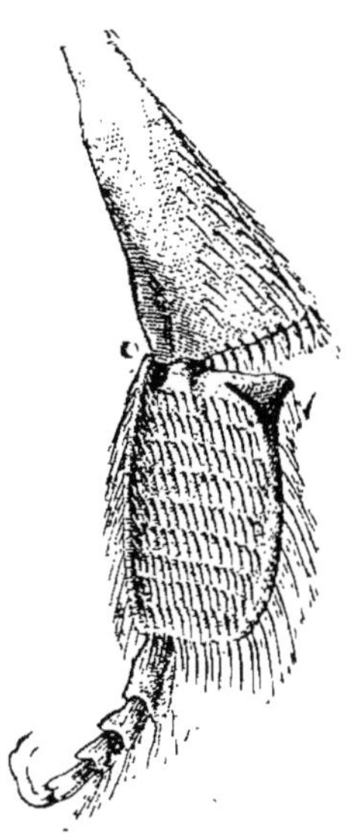

Jambe postérieure vue au microscope.

Mais voici d'autres abeilles qui rentrent précipitamment; elles aussi sont chargées, et cependant ce n'est pas du pollen qui remplit leurs corbeilles; on voit que c'est une autre substance, brune, presque transparente. Ces abeilles ne sont pas allées sur des fleurs; leur vésicule n'est pas pleine, cela se voit à leur taille mince et à leur air dégagé. La matière qu'elles rapportent avec tant d'empressement est la *propolis*, dont elles ont besoin pour fortifier leurs rayons et calfeutrer toutes les ouvertures et les fentes par où leurs ennemis pourraient pénétrer. Elles s'en servent aussi pour enduire ou plutôt pour ensevelir les corps des insectes, limaces, souris et autres petites bêtes, lorsque, après les avoir tuées, elles n'ont pu les entraîner hors de leur demeure.

Cette substance est une espèce de résine d'une odeur aromatique et d'une amertume extrême.

Elles vont la chercher sur certains arbres dont les bourgeons sont enduits d'une matière visqueuse. Le peuplier, par exemple, leur en fournit beaucoup; mais la propolis du peuplier n'est pas très-aromatique. Or, comme elles en rapportent de diverses nuances, vertes, brunes, jaunes et plus ou moins parfumées, il faut conclure qu'elles en ramassent sur des plantes où nous n'en avons pas encore observé.

Cette récolte paraît causer un certain trouble parmi les abeilles.

« Les abeilles d'une de mes ruches, dit l'illustre aveugle de Genève, ne pouvant sortir à cause des pluies qui survinrent, furent trois semaines sans rapporter de propolis; leurs gâteaux conservèrent une blancheur parfaite jusqu'au commencement de juillet, époque à laquelle l'atmosphère se disposa plus favorablement pour mes observations. Un temps serein, une température élevée, engagèrent les abeilles à la récolte de la propolis. On les voyait revenir de la campagne chargées de cette gomme qui ressemble à une gelée transparente; cette substance avait alors la couleur et l'éclat du grenat; on la distinguait aisément des pelotes farineuses que les autres abeilles apportaient en même temps. Les ouvrières chargées de propolis se joignirent aux grappes qui pendaient du haut de la ruche ; on les voyait parcourir les couches antérieures du massif ; quand elles étaient parvenues aux supports des gâteaux, elles s'y reposaient ; elles s'arrêtaient quelquefois sur les parois verticales de leur demeure, en attendant que les autres ouvrières vinssent les débarrasser de leur fardeau.

« Nous en vîmes effectivement deux ou trois s'approcher de chacune d'elles, prendre avec leurs dents la propolis sur les jambes de leurs compagnes et partir aussitôt avec ces provisions. Le haut de la ruche présentait l'aspect le plus animé ; une foule d'abeilles s'y rendaient de toutes parts ; la récolte, la distribution et les divers emplois de la propolis étaient alors leur occupation dominante ; les unes portaient entre leurs dents la matière dont elles avaient déchargé leurs pourvoyeuses et la déposaient sur les montants du châssis ou sur les supports des gâteaux ; les autres se hâtaient de l'étendre comme un vernis avant qu'elle fût durcie, ou bien elles en formaient des cordons proportionnés aux interstices qu'elles voulaient mastiquer.

« Rien de plus varié que leurs opérations ; mais ce que nous étions le plus intéressés à connaître, c'était l'art avec lequel elles appliquaient la propolis dans les alvéoles ; nous fixâmes notre attention sur celles qui nous parurent disposées à s'en occuper. Lorsqu'elles en eurent atteint la superficie, elles y déposèrent la propolis. Quand d'autres ouvrières eurent convenablement préparé les cellules, les eurent polies et ratissées à l'aide de leurs dents, elles en sortirent en reculant, s'approchèrent du tas de propolis; une d'elles, que nous suivions, y plongea ses dents et tira un fil de matière résineuse; elle le rompit aussitôt en écartant sa tête brusquement, le prit avec les crochets de ses pattes antérieures, et rentra dans la cellule qu'elle venait de préparer. Elle n'hésita point à placer le filet entre les deux pièces qu'elle avait aplanies, et au fond de l'angle que celles-ci formaient ensemble; mais elle trouva sans doute ce cordon trop long pour l'espace qu'il devait recouvrir, car elle en retrancha une partie; elle se servait tour à tour de ses pattes antérieures pour l'ajuster et l'étendre entre deux pans, ou de ses dents pour l'enchâsser dans le sillon anguleux qu'elle voulait garnir de cette matière.

« Après ces différentes opérations, le cordon de propolis parut encore trop large et trop massif au gré de cette abeille; elle se remit tout de suite à le ratisser, et chaque coup tendait à enlever quelques parcelles. Lorsque ce travail fut achevé, nous admirâmes l'exactitude avec laquelle ce cordon était ajusté entre les deux pans de l'alvéole. L'ouvrière ne s'en tint pas là: elle se retourna vers une autre partie de la cellule, fit agir sa mâchoire contre la cire, sur les bords des deux autres trapèzes, et nous comprîmes qu'elle préparait encore la place que devait recouvrir un nouveau filet de propolis. Nous ne doutions pas qu'elle ne s'approvisionnât sur le tas qui lui avait fourni précédemment; mais, contre notre attente, elle tira parti de la portion qu'elle avait retranchée du premier filet, l'arrangea dans l'espace qui lui était destiné, et lui donna toute la solidité et le fini dont il était susceptible. D'autres abeilles achevèrent l'ouvrage que celle-ci venait de commencer. Tous les pans de l'alvéole furent bientôt encadrés par des filets de propolis; les abeilles en placèrent aussi sur les orifices. »

Cette description ne nous donne-t-elle pas une haute idée de la sagacité de ces petits êtres?... N'agissent-ils pas comme s'ils étaient doués d'un esprit capable de réflexion et même de prévoyance?

L'abeille n'est pas seulement architecte habile pour construire sa demeure, elle est aussi peintre pour l'orner. Quand son édifice est terminé et qu'elle lui a donné tout le soin désirable, elle le peint en jaune, et rien n'est plus curieux que de la voir à l'ouvrage; à l'aide de sa langue fourchue, dont elle se sert comme d'un pinceau, elle met les cellules en couleur, au dehors comme au dedans. Jusqu'à présent personne ne sait où elle prend cette belle couleur jaune dont elle dore ses gâteaux.

La manière dont les abeilles placent le miel dans les cellules est aussi une preuve très-remarquable de leur intelligence. On sait que le miel nouveau est très-fluide, très-coulant; on sait aussi que les cellules sont disposées comme des verres à boire qu'on aurait entassés l'un sur l'autre, non debout, comme lorsque nous voulons les emplir d'un liquide quelconque, mais couchés sur le côté, l'ouverture dirigée un peu vers le haut de la ruche; observation très-importante: car cette construction inclinée, en donnant une plus grande solidité aux rayons, contribue à retenir le miel dans les alvéoles. Malgré cela, si les ouvrières essayaient d'emplir tout d'un coup les cellules, le miel s'écoulerait le long des gâteaux et engluerait les abeilles : ce qui serait désastreux, car il est rare qu'elles survivent à cet accident.

Elles ont réussi à parer à cet inconvénient, et voici comment : le miel, sous l'action de la chaleur ordinaire de la ruche, s'évapore et se recouvre d'une espèce de peau qui prête facilement et empêche la partie la plus liquide de s'écouler. Les abeilles mettent à profit cette circonstance, introduisent le nouveau miel par un petit trou qu'elles pratiquent adroitement dans la peau, et, quand la cellule est remplie, elles la couvrent avec un couvercle de cire suffisamment fort pour conserver leur provision et scellé hermétiquement. Les gâteaux contenant du miel se distinguent facilement de ceux où il y a du couvain. Les premiers ont un couvercle plat, tandis que celui des autres est bombé.

Avant de quitter ce sujet, voyons quel est l'usage du pollen dont les jeunes abeilles sont particulièrement chargées de pourvoir la ruche. Celui qu'elles rapportent en si grande quantité sert-il à leur nourriture et à celle des larves, ou bien le convertissent-elles en cire, comme le prétendent certains savants modernes, malgré les assertions de Huber et les nouvelles preuves que j'ai apportées dans un de mes précédents ouvrages?...

Les expériences du célèbre aveugle sont pourtant

si concluantes, si bien décrites, qu'il est difficile de comprendre comment les hommes instruits ont osé les rejeter sans se donner la peine de les examiner.

Voici comment M. Huber rend compte de ses expériences sur le pollen. Après avoir enlevé jusqu'aux moindres parcelles de pollen, il renferma soigneusement les abeilles d'une de ses ruches d'observation, afin de les empêcher d'en aller récolter de nouveau. Le premier et le second jour, il ne se passa rien de remarquable ; les abeilles étaient tranquilles ; mais le troisième jour on entendit un grand bruit dans la ruche ; impatient de voir ce qui l'occasionnait, il ouvrit un des volets et il remarqua que tout était en confusion ; le couvain avait été abandonné, les ouvrières couraient en désordre sur les gâteaux, elles se précipitaient par milliers au bas de la ruche ; celles qui se trouvaient vers la porte rongeaient avec acharnement la grille dont elle était garnie ; leur intention n'était pas équivoque, elles voulaient sortir de prison.

Il fallait qu'un besoin impérieux les obligeât à chercher ailleurs ce qu'elles ne pouvaient trouver dans leur demeure. Craignant de les faire périr en les empêchant plus longtemps de suivre leur instinct, M. Huber leur accorda la liberté ; mais il était tard, le soleil était couché. L'heure n'était pas favorable à la récolte, les abeilles voltigèrent à l'entour de la ruche et ne s'écartèrent point. L'obscurité croissante et la fraîcheur de l'air les obligèrent à rentrer.

La nuit calma probablement leur agitation, car elles remontèrent paisiblement sur leurs gâteaux ; l'ordre paraissait rétabli, on profita de ce moment pour refermer la ruche.

Pendant cinq jours que dura la captivité des abeilles; elles manifestèrent le même désir de sortir de leur prison; chaque soir elles semblaient dans le délire; alors on les faisait sortir; mais la soirée étant fort avancée leur liberté leur devenait parfaitement inutile, et elles étaient forcées de rentrer sans avoir pu se procurer ce qui était si nécessaire à leur tranquillité. Enfin, voulant connaître en quel état se trouvait le couvain, on leur accorda pleine et entière liberté. Alors on examina les cellules qui avaient contenu les œufs, le couvain; elles étaient vides; ni œufs, ni vers, ni gelée, tout avait disparu, les larves étaient mortes de faim. En supprimant le pollen, on avait privé les abeilles de tout moyen de les nourrir.

Dans une autre expérience, voulant s'assurer de l'usage qu'elles feraient du pollen, on en répandit sur la table de la ruche; les abeilles, ayant aperçu le pollen, se jetèrent avec avidité sur cette poussière, ou plutôt sur cette pâte, car, une fois emmagasiné, le pollen prend la forme d'une pâte plus ou moins sèche. Elles en prirent avec les dents et en firent entrer dans leur bouche. Celles qui en avaient mangé le plus avidement remontèrent avant les autres sur les gâteaux, s'arrêtèrent sur ceux qui contenaient des larves, y entrèrent la tête la première, et il est probable qu'elles offrirent à leurs nourrissons cette gelée dont ils sont constamment pourvus dans l'état ordinaire. Si les savants s'étaient donné la peine de répéter les expériences de Huber, ils se seraient évité le ridicule de vouloir enseigner ce qu'ils ignoraient eux-mêmes.

Quand les abeilles ne sont pas pressées de fournir aux larves leur nourriture habituelle, elles consacrent bien plus de temps à la fabrication de la gelée.

On trouve toujours, dans les ruches qui contiennent du couvain, une multitude d'abeilles posées sur un ou deux gâteaux contenant du miel non bouché et du pollen. Leur attitude immobile, leur trompe plongée dans le miel et leurs ailes étendues, qu'elles agitent de temps en temps par une espèce de frémissement, ne laissent aucun doute sur les fonctions de ces abeilles. Elles ne quittent cette position que pour aller manger un peu de pollen, et retournent ensuite vers le miel. Après avoir fait ce manége pendant un certain temps, elles vont vers les alvéoles qui contiennent les larves, et elles y dégorgent la gelée qu'elles ont fabriquée.

Aussi voit-on, dans certains jours du printemps, à la suite des pluies de longue durée, les abeilles des ruches qui sont privées de pollen transporter hors de leur demeure une multitude de larves de tout âge, qui sont probablement mortes de faim. Elles n'attendent même pas leur mort pour les enlever de leur berceau et les jeter au loin, car j'en ai remarqué qui s'agitaient pendant que les nourrices les entraînaient hors de la ruche.

C'est donc par suite d'une mauvaise coutume, et par ignorance, que nos paysans retranchent avec soin tout gâteau contenant du pollen. Bien des personnes auront remarqué cette circonstance sans y attacher beaucoup d'importance; si elles ont demandé à l'homme qui taillait leurs ruches pourquoi il enlevait une chose qui n'avait que peu de valeur, mais qui pouvait être utile aux abeilles, il aura peut-être répondu que c'était afin de débarrasser les mouches du rouget qui encombre inutilement leurs gâteaux. Il paraît même que les gens de la campagne considèrent le pollen comme une cause de maladie pour les abeilles.

D'après ce qui vient d'être dit, on a pu se convaincre de l'utilité de cette substance pour l'élève des larves. Privées de pollen, les abeilles ne sauraient nourrir la nombreuse postérité de la reine, et la population ne tarderait pas à s'éteindre. Mais ce n'est encore là qu'une partie des maux qui frapperaient nos ruchers. Les abeilles elles-mêmes ont besoin d'une nourriture plus substantielle que le miel ; tant que la belle saison dure, elles peuvent se procurer du pollen, qui est pour elles ce qu'est le pain pour nous ; l'enlèvement de cette substance se fait donc peu sentir pendant la saison des fleurs : il n'en est plus de même lorsqu'elles sont forcées de rester au logis. Aussi, dès que le soleil vient de nouveau réchauffer l'atmosphère, les abeilles, qui consomment davantage, n'ayant que du miel pour toute nourriture, prennent la dyssenterie, et l'on voit souvent des ruchers entiers périr de cette terrible maladie, alors que le retour des beaux jours promettait à l'apiculteur de nombreux essaims et d'abandantes récoltes.

CHAPITRE VI

**Souffrances des abeilles pendant la fin de l'été, l'automne et l'hiver.
Retour du printemps ; grande ponte de la reine.
Massacre des jeunes reines,
Émigration et formation du premier essaim.**

La fin de l'été, l'automne et l'hiver, voilà le temps le plus cruel à supporter pour les abeilles. Dans bien des contrées, c'est vers la fin de l'été qu'on songe à leur enlever le peu de provisions qu'elles ont eu tant de peine à amasser. On s'y prend presque toujours de la manière la plus barbare pour les abeilles et en même temps la plus nuisible aux vrais intérêts de l'apiculteur.

Et pourtant il serait si facile de partager avec elles sans qu'elles aient à souffrir de notre avidité!

La fin de l'été et l'automne sont aussi les époques où elles ont à redouter le plus d'ennemis de tous genres. Le nombre des oiseaux destructeurs des insectes a doublé, triplé ; de grosses araignées préparent des toiles assez fortes pour les arrêter au passage. Les crapauds, les grenouilles les attendent au bord des mares, où les ardeurs des derniers beaux jours les obligent à se rendre.

Mais tous ces ennemis réunis ensemble ne sont rien encore, comparés à la faim qui décime les plus beaux ruchers. Les derniers essaims succombent ordinairement à ce fléau; trop peu nombreuses pour avoir pu soigner les œufs de leur reine à l'époque des fleurs, ces faibles populations, privées de miel et de pollen au moment où elles travaillent avec le plus d'ardeur à réparer des pertes sans cesse renaissantes, se laissent entraîner au vol et au pillage et deviennent ainsi une cause de ruine pour le propriétaire du rucher.

Les guerres que les abeilles se font alors sont plus fatales à l'espèce qu'on ne saurait se l'imaginer.

C'est encore pendant cette triste époque de l'année que la nature, qui a compté leurs jours, retire la vie à un grand nombre d'ouvrières. Les abeilles paraissent insensibles à la mort de leurs compagnes; mais, tant qu'elles vivent, elles échangent entre elles les témoignages non équivoques d'une véritable affection. Il n'en est pas de même à l'égard des reines, comme je le dirai plus tard.

L'hiver est une rude saison pour les abeilles; renfermées dans leur habitation, celles qui se hasardent à sortir se hâtent de rentrer. Tout est mort autour d'elles; plus de fleurs, plus de feuilles! La terre est nue ou bien couverte de neige, et le froid les oblige à se tenir serrées l'une contre l'autre.

Ne croyez pas cependant que l'atmosphère intérieure

de la ruche soit aussi glaciale que l'air extérieur. Ce serait une grande erreur. Les abeilles ne pourraient résister à une température au-dessous de 10 degrés ; et si, dans la partie non habitée de la ruche, le thermomètre descend plus bas encore, au centre de la population, il reste toujours au moins à 25 degrés Réaumur. C'est un fait qui a été constaté bien des fois.

Les abeilles qui font partie des rangs extérieurs ne sont pas, il est vrai, aussi chaudement placées, mais elles se relayent entre elles, et celles du centre cèdent leur place à leurs compagnes moins favorisées.

Pendant qu'elles occupent les rangs extérieurs, elles restent comme engourdies par le froid et ne consomment presque rien. Celles qui se tiennent auprès de la reine sont très-vives, très éveillées et consomment beaucoup de miel. C'est pourquoi il est bon que le nombre de celles-ci soit le plus restreint possible. Aussi les ruches ouvertes par le bas, et qu'on pose tout simplement sur deux traverses de bois, comme je l'ai vu pratiquer dans le Nivernais, résistent mieux aux longs hivers, la consommation étant à peu près nulle, que celles que l'on tient soigneusement renfermées.

Cependant, malgré cet état d'engourdissement qui est le partage des abeilles pendant les long mois d'hiver, comme au centre de la ruche la chaleur est à peu près toujours la même, il y règne constamment une certaine activité. Lorsque la population est nombreuse et bien approvisionnée, les abeilles peuvent encore jouir des douceurs de la vie intime ; la reine même continue sa ponte, malgré les rigueurs de l'atmosphère extérieure. L'éducation des larves ne laisse donc pas s'écouler sans plaisir ce temps de retraite forcée.

Lorsqu'un propriétaire trop avide a dépouillé les ruches de la plus grande partie de leurs provisions, qu'il en a enlevé le pollen, les abeilles sont privées de tout ce qui fait le charme de leur vie ; elles doivent se résigner à vivre accrochées les unes aux autres, presque sans mouvement, sans travail, trop heureuses encore si le peu de miel qu'on leur a laissé peut suffire à leur nourriture jusqu'au retour des fleurs.

Mais enfin le temps s'adoucit ; les premières fleurs éclosent aux rayons du soleil, et les abeilles, heureuses de pouvoir reprendre leurs occupations favorites, s'élancent joyeusement dans les airs à la recherche du pollen nouveau dont elles ont un pressant besoin pour nourrir leurs petites larves, car le nombre s'en accroît chaque jour.

Tout dans la ruche a repris un aspect animé ; des centaines d'ouvrières se répandent sur les rayons et les visitent avec un soin tout particulier. Si quelque animal a causé des dégâts pendant leur engourdissement, elles travaillent à le réparer. D'autres construisent des cellules plus grandes que celles qui servent de berceaux ; ces cellules sont destinées aux mâles. La reine, qui redouble d'activité et dont la taille s'est arrondie depuis quelques jours, se dispose à commencer la grande ponte, dont elle doit se délivrer avant de pouvoir de nouveau reprendre son vol à la tête d'une partie de la population actuelle.

Chaque jour il naît des centaines d'abeilles. L'essaim que nous avons suivi depuis son entrée dans la ruche a été décimé plus d'une fois ; mais, grâce à la fécondité de la mère abeille, les pertes ont été promptement réparées. Déjà on entend ce joyeux bourdonnement, précurseur d'une nouvelle émigration, et, à mesure que la terre se couvre de fleurs, le nombre des ouvrières butineuses s'accroît dans la même proportion.

Enfin, les abeilles deviennent si nombreuses que, dans les heures chaudes du jour, une partie d'entre elles aime mieux se suspendre à l'ombre de la ruche que d'y entrer.

Le matin, lorsque le soleil brille de tout son éclat, les jeunes abeilles sortent de leur habitation et se balancent en bourdonnant au-devant de la ruche, en formant ce que les apiculteurs nomment un *soleil d'artifice*.

C'est l'indice de la prochaine sortie d'un essaim.

Pénétrons au centre de la population. Ce qui s'y passe est digne de toute l'attention des observateurs qui veulent étudier les abeilles et connaître les périodes les plus intéressantes de leur existence.

C'est au moment où la reine, souveraine absolue de la ruche depuis une année, est plus que jamais entourée de soins, d'hommages, ou plutôt de l'affection la plus vive par ces abeilles, dont la plupart lui doivent le jour; au moment où règne l'abondance, où rien ne peut faire prévoir que la source de ces richesses doive se tarir, qu'elle prend tout à coup la détermination d'abandonner à jamais ce qui jusqu'alors a fait son bonheur.

Quel peut être le motif impérieux qui oblige cette reine, cette mère, à renoncer au séjour qui lui plaisait tant, à s'éloigner d'une partie de ses sujets ?

Pour le connaître, il est nécessaire de suivre pour ainsi dire pas à pas les occupations de la reine et le développement de ses passions.

Dans le temps où la reine est le plus occupée de sa ponte de mâles, les ouvrières construisent un certain nombre de cellules de formes et de dimensions bien différentes de celles qui sont destinées à servir de berceaux aux abeilles communes et aux mâles. Ces cellules, nommées *royales* parce qu'elles sont uniquement consacrées aux jeunes reines, sont placées et suspendues en forme de stalactite au bord des chemins qui servent de communication entre les gâteaux. Leur forme a quelque rapport avec la capsule d'un gland, et, après leur achèvement, elles ressemblent assez à une poire allongée, suspendue par le gros bout. Leur nombre varie, sans causes connues, depuis trois ou quatre jusqu'à plus de vingt. Cependant j'ai constaté qu'il y en a en général un grand nombre dans les ruches très-peuplées, et très-peu dans celles dont la population est faible.

Lorsque, dans une ruche très-peuplée et bien approvisionnée (deux conditions essentielles pour que es abeilles se disposent à essaimer), les ouvrières ont bauché un certain nombre de cellules royales, la eine dépose un œuf dans chaque cellule ; mais elle 'attend pas que le berceau royal ait atteint toute sa

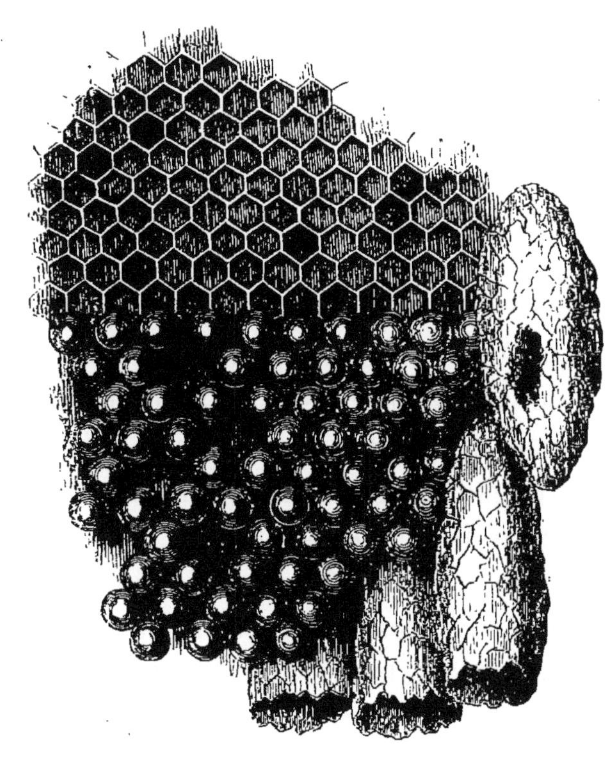

Portion de rayon contenant du pollen et du miel clarifié. — Cellules royales; l'une d'elles entr'ouverte par la reine.

longueur, qui est de deux à trois centimètres : il suffit qu'il soit à moitié construit. Il faut ajouter que ces cellules ne sont pas commencées simultanément : les abeilles, par des motifs providentiels qu'elles ignorent probablement, n'en construisent qu'une à la fois chaque jour, deux au plus, de façon que la reine ne trouve qu'un ou deux berceaux préparés pour la ponte.

Les abeilles nourrices ne donnent pas plus de soins apparents aux jeunes larves royales qu'aux autres; mais un des faits les plus singuliers parmi ceux qui frappent notre attention, c'est qu'elles n'offrent pas aux larves royales cette gelée insipide qu'elles donnent aux larves ordinaires, mais une espèce de conserve dont le goût aigrelet n'est point désagréable, tandis que les mâles et les ouvrières ne reçoivent qu'une nourriture fade et incolore. La gelée royale est d'un jaune rougeâtre, quelquefois d'un rouge brun. Cette nourriture a le pouvoir de développer certains organes, et tout individu destiné à n'être qu'une simple ouvrière, mais qui par hasard a reçu quelques parcelles de cette gelée, prend plus ou moins le développement réservé aux reines seules.

Ajoutons que le berceau royal, par sa position même, diffère aussi des alvéoles ordinaires; il est placé perpendiculairement, tandis que les cellules des mâles, comme celles des ouvrières, sont placées horizontalement.

Mais revenons à la ruche, dont toutes ces explications nous ont éloigné. Nous avons vu jusqu'à présent la mère des abeilles traitée par la population entière avec une affection presque sans égale; nous voici cependant arrivés au moment où une espèce de froideur, d'indifférence, succède aux attentions qui lui ont été prodiguées depuis un an sans aucune interruption.

Les œufs que la reine a pondus dans les alvéoles royaux se sont métamorphosés en larves et celles-ci en nymphes. Ces larves sont nourries avec une prodigalité si grande, qu'après leur sortie de la cellule on retrouve une quantité de gelée, à l'état de pâte ferme, qui aurait suffi à l'alimentation d'une ou deux autres larves. On ne retrouve jamais aucun reste dans les cellules communes, qui d'ailleurs méritent ce nom sous tous les rapports, puisque la même sert successivement à plusieurs larves, tandis que les cellules

Jeune reine vierge.

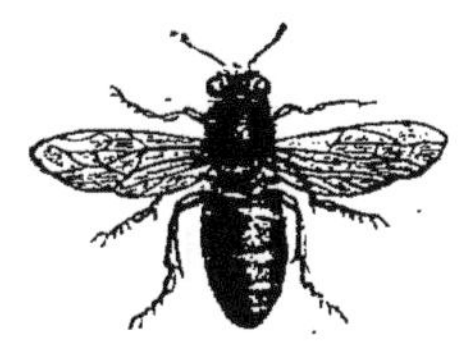

Ouvrière.

royales sont détruites jusqu'aux fondations après l'époque des essaims. La grandeur de ces alvéoles, l'abondance de la nourriture et, plus que tout cela, les qualités de la gelée royale développent chez les futures reines des organes qui ne sont pas même apparents chez les abeilles ordinaires; ainsi, la taille des jeunes reines est élancée, leur abdomen a plus de longueur, leur robe est d'un brun doré plus éclatant, et, si elles sont privées de corbeille, si elles ont quelques avantages de moins que les ouvrières, cela même contribue à leur donner une tournure plus élégante et à les rendre plus propres à remplir le but de leur existence.

La ruche que nous observons dans ce moment a vingt-deux cellules royales, dont une partie sont entièrement fermées. Une garde assez nombreuse veille à leur sûreté, tandis que quelques abeilles rongent et amincissent les parois de la cellule la plus avancée au point de les rendre transparentes. On distingue, même à travers son épaisseur, les nymphes dont la couleur, auparavant si blanche, est maintenant d'un brun clair. Les autres alvéoles, moins avancés, paraissent ne contenir qu'une larve ou même qu'un œuf.

Voici la reine; elle paraît fort animée, et les abeilles ne se dérangent pas pour la laisser passer. Pas une d'elles ne lui offre le miel dont elle a souvent besoin et qu'elle est habituée à recevoir. C'est même en vain qu'elle tend sa trompe: on fait semblant de ne pas le remarquer.

La reine.

Elle prend alors le parti le plus sage : elle va puiser elle-même, à l'alvéole le plus rapproché qui contient du miel, la ration qu'on lui offrait naguère avec tant d'empressement et de respect.

Pauvre reine! A voir sa taille amincie, son air inquiet, on croirait qu'elle est malheureuse d'être ainsi délaissée. Elle parcourt la ruche en tous sens, et ne rencontre partout que froideur : les abeilles semblent avoir oublié sa dignité. Cette conduite l'affecte, l'irrite même. Après avoir rapidement parcouru une partie de la ruche au milieu de la population devenue indifférente, elle s'arrête tout à coup et fait entendre un chant singulier, ou plutôt une suite de notes qui paraissent avoir une influence inconcevable et mystérieuse sur la ruche entière. A l'instant même les abeilles semblent frappées de stupeur; toutes s'arrêtent au milieu de leurs occupations, baissent la tête et se tiennent ainsi inclinées pendant quelques instants. Plusieurs, plus vivement affectées, branlent la tête à droite et à gauche, et éprouvent même une espèce de tremblement tout particulier.

Je laisse à d'autres observateurs plus habiles que moi le soin de découvrir le mot de ce phénomène; comme je n'aurais que des conjectures à offrir, je me borne à mentionner le fait. Par quel hasard le papillon tête de mort sait-il produire le même chant? Pourquoi les hommes, qui sont si adroits, ne cherchent-ils pas à l'imiter? Ils se rendraient ainsi bien facilement maîtres de la population la plus rebelle[1].

[1] On s'est demandé souvent d'où vient la terreur que les papillons tête de mort inspirent aux abeilles; car on ne comprend pas que ces insectes, si bien armés et si courageux, aient peur et fuient devant des phalènes qui, quelque grosses qu'elles soient, sont dépourvues de tout moyen de défense. Malgré mes recherches à cet égard, j'en suis réduit aux conjectures. Voici, au reste, ce qui m'a paru le plus probable.

Outre que le papillon tête de mort sait donner quelques notes qui

La reine, s'étant approchée de la cellule qui contient la nymphe la plus âgée, profite de l'émotion des gardiennes et se met à ronger l'alvéole à belles dents. Comme on la laisse faire, elle a bientôt mis à jour un petit coin du corps de la jeune reine, puis elle se retire. Alors les nourrices ou gardiennes achèvent son œuvre. Je m'imaginai d'abord, quand je fus témoin de ce spectacle, qu'elles voulaient aider la nymphe à sortir de son enveloppe ; mais bientôt je reconnus combien je m'étais trompé : c'était pour la jeter au loin, non toutefois sans avoir sucé la partie liquide de ses entrailles.

La vieille reine s'approcha encore d'une autre cellule royale et fit la même opération, qui eut le même résultat. Je pensais que toutes mes jeunes reines allaient être victimes de la jalousie de la reine mère, dont l'agitation allait croissant; elle courait d'une cellule royale à l'autre sans se donner la peine de les ouvrir. On eût dit qu'elle perdait la tête en voyant

ont beaucoup de rapport avec le chant de la reine abeille, il possède encore une faculté très-singulière. Au moyen d'un tremblement rapide, on pourrait dire électrique, il cause, lorsqu'on le saisit, une espèce d'engourdissement, de malaise indéfinissable. J'avoue que ce n'a jamais été sans une extrême répugnance que j'ai tenu entre mes doigts cet étrange animal. Même à travers un filet de mousseline, il produisait sur moi une pénible sensation qui m'obligeait à le relâcher bien vite. Ces deux causes réunies me paraissent suffisantes pour justifier la crainte des abeilles. Admettons qu'il fasse d'abord entendre ce chant qui les stupéfie ; le voilà maître de la place. Une fois sur les gâteaux, occupé à puiser dans les magasins le miel dont il fait sa nourriture, si les abeilles remises de leur stupeur veulent le chasser, il n'aura qu'à produire ce frémissement électrique pour achever de porter l'épouvante au milieu d'elles.

tant de cellules prêtes à donner issue à une rivale détestée d'avance. Son agitation devint contagieuse, quelques abeilles, puis ensuite un grand nombre imitèrent leur chef et parcoururent leur demeure en répandant l'inquiétude parmi leurs sœurs. Dans ce moment, on entendit un bourdonnement clair : c'étaient quelques abeilles qui tournoyaient au-dessus de la ruche. Elles sonnaient probablement l'appel général, car tout à coup il se fit un grand silence ; les abeilles se livraient au pillage. Elles enfonçaient les magasins, perçaient les cellules qui contenaient du miel, et s'en gorgeaient comme si elles eussent été en pays ennemi. Bientôt elles sortirent et imitèrent celles qui les appelaient au dehors. La reine s'était aussi précipitée hors de la ruche et avait été promptement suivie du reste de la population. Œufs, larves, nymphes et provisions de toute espèce avaient été abandonnés pour toujours!...

Ce fut ainsi que se forma le premier essaim.

CHAPITRE VII

Repeuplement de la ruche.—La jeune reine prisonnière. Les mâles. — Amour de la jeune reine. Formation du second essaim.

La ruche abandonnée parut pendant quelque temps dans un désordre complet ; les ouvrières butineuses qui revenaient des champs s'arrêtaient sur les premiers rayons, ne songeant pas même à déposer le miel et le pollen dont elles étaient chargées; les larves étaient négligées, et les jeunes abeilles, dont une chaleur excessive, causée par tant d'agitation, avait hâté la naissance, sortaient de leurs cellules, les ailes encore humides, sans exciter l'attention du petit nombre de nourrices présentes. Les alvéoles royaux semblaient eux-mêmes délaissés.

Enfin, les abeilles absentes étant toutes rentrées, les choses commencèrent à prendre un autre aspect ; toutes se remirent courageusement à l'ouvrage, et bientôt le seul changement remarquable dans la ruche consistait dans l'absence d'une grande partie de la population.

Chaque jour cependant un grand nombre de mâles et d'ouvrières, sortant des cellules qui les contenaient, tendaient à augmenter le nombre des habitants de la ruche; et, en effet, huit jours ne s'étaient pas écoulés qu'elle parut aussi peuplée qu'avant la sortie du premier essaim.

Les cellules royales, qui avaient été momentanément négligées, redevinrent l'objet de la sollicitude des abeilles; une garde nombreuse fut établie autour de celle qui contenait la nymphe la plus âgée. Comme la reine mère avait déposé les œufs dans les alvéoles royaux, à des intervalles à peu près égaux, et que les abeilles elles-mêmes n'avaient pas construit ces alvéoles simultanément, il s'en trouvait de tous les âges, depuis la nymphe prête à sortir jusqu'à la larve encore environnée de gelée. Toutefois, la plus vieille devait encore subir quelques jours de captivité, la mère ayant tué avant son départ celles dont la métamorphose était complétement terminée.

Le moment approchait cependant où l'aînée des jeunes reines allait être en état de quitter sa prison; déjà elle rongeait la cire qui s'opposait à sa sortie, et par des efforts réitérés elle était parvenue à soulever le couvercle de sa loge, lorsque les gardes s'en aperçurent et s'opposèrent à son désir. Mais pendant que les unes retenaient le couvercle avec les dents, d'autres imaginèrent un procédé qui annonce de leur part un singulier esprit de combinaison. Elles formèrent un épais cordon de cire, qui, tout en s'opposant à l'enlèvement du couvercle, permettait à la jeune captive de le soulever. Celle-ci se servit de la faculté qu'on lui laissait de sortir sa trompe, pour demander de la nourriture. D'abord les abeilles ne comprirent pas ses signaux; mais, dès qu'elles s'aperçurent de son désir, elles s'empressèrent de le satisfaire. Plusieurs vinrent lui offrir une goutte de miel qu'elle accepta volontiers. Quand elle fut rassasiée, elle retira sa trompe.

La captivité paraissait bien pénible à cette jeune reine, car elle ne cessait de se mouvoir en tous sens et de chercher à pousser le couvercle. Elle y serait parvenue, si les gardiennes n'y eussent mis obstacle. Dès qu'elles voyaient un endroit faible, elles le fortifiaient en augmentant l'épaisseur du cordon ou en en établissant un nouveau. Après des efforts infructueux, la captive essaya d'un autre moyen ; elle se mit à chanter, ce qui parut étonner toute la population ailée, car il se fit un moment de silence général. Que désirait cette jeune reine? la liberté probablement. Nous avons vu précédemment le chant de la reine paralyser la vigilance des abeilles, les rendre muettes pour un moment; celle-ci voulait peut-être profiter de leur stupeur pour se dégager de ses liens; cela arrive peut-être quelquefois ; mais dans cette circonstance elle ne songea pas à tirer parti de son pouvoir, et son chant n'eut aucun résultat pour elle. Je dois ajouter qu'elle le répéta si souvent, qu'il finit par être indifférent aux abeilles. Je ne saurais, du reste, en donner une idée plus juste, qu'en le comparant à celui que certaines grenouilles vertes font entendre lorsqu'il va pleuvoir; mais le timbre de la voix est proportionné à la différence de taille, bien entendu.

Les gardes, se confiant un peu trop à la solidité du couvercle qu'elles avaient renforcé, surveillèrent avec moins de zèle la jeune captive; alors celle-ci, paraissant avoir compris sa nouvelle situation, fit un effort si violent, qu'elle parvint à le briser et sortit de sa prison, au grand étonnement des abeilles qui se trouvaient encore là. Je crois avoir dit que les cellules royales ont la pointe, c'est-à-dire la partie par où la jeune reine doit sortir, placée de manière qu'elle se trouve la tête en bas et qu'elle demeure dans cette position tout le temps qu'elle passe dans son berceau. Lorsqu'elle en sort, elle est forcée de s'accrocher aux aspérités dont la cellule est hérissée extérieurement pour ne point tomber la tête la première au fond de la ruche.

Aussitôt qu'elle fut en liberté, elle se mit à grimper sur l'élévation que formait l'alvéole dont elle sortait; alors elle croisa ses ailes, auxquelles elle imprima une légère vibration, et élevant la partie postérieure de son corps, elle chanta encore, mais cette fois d'un ton si plaintif, que toutes les abeilles suspendirent leurs travaux et baissèrent la tête tout en la branlant d'un petit air consterné. Réellement, il faut avoir vu ce singulier spectacle pour se faire une idée de son étrangeté; mais il sera, je crois, à jamais impossible de savoir ce que signifient ce chant, cette posture, et quel genre d'influence ils exercent sur la population entière.

Pendant l'espace de temps qui s'était écoulé depuis le départ de la reine mère jusqu'au moment dont je viens de rendre compte, le nombre des mâles s'était augmenté de plusieurs centaines d'individus. Ces mâles, fort gros, fort gourmands et paresseux, ne songeaient qu'à dormir, pressés les uns contre les autres, ne se réveillant que pour manger, et profitant des plus belles heures du jour pour aller s'ébattre au soleil en faisant entendre un bourdonnement assourdissant.

Les abeilles, si économes pour elles-mêmes, loin de regretter la consommation prodigieuse de miel que faisaient les mâles au retour de leurs promenades, les accueillaient avec force politesses et leur témoignaient

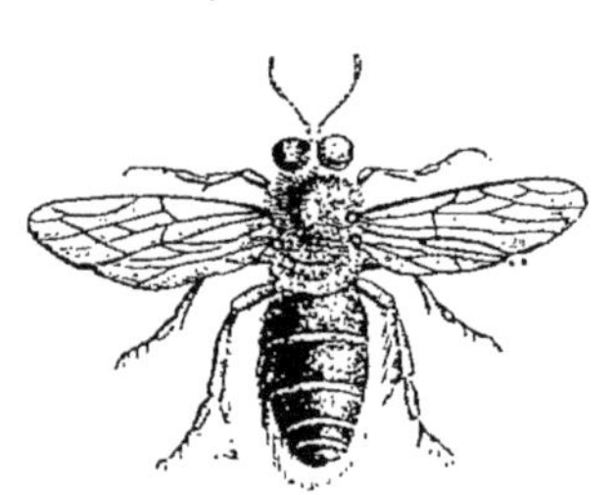

Faux bourdon ou mâle de grandeur moyenne.

plus que de l'amitié. Il est vrai que toutes n'étaient pas disposées à leur offrir du miel, à les brosser; les nourrices, les gardes, les anciennes ne faisaient aucune attention à eux : mais les jeunes, les plus grosses surtout, leur montraient beaucoup d'empressement.

La jeune reine, s'étant dirigée de leur côté, se prit de belle passion pour un des plus gros de la troupe;

elle lui offrit du miel, lui passa ses antennes sur le corps et lui fit en un mot mille amitiés. Le stupide animal n'y prenait pas garde et continuait à sommeiller, insensible à toute autre avance qu'à la goutte de miel qu'il acceptait de grand cœur. Au milieu de cette scène de caresses d'une part, d'indifférence de l'autre, une des jeunes captives se mit à chanter à son tour. Aussitôt que la coquette entendit ces notes répétées, elle s'élança du côté où elle avait entendu la voix de sa rivale.

Elle eut bientôt atteint le gâteau au bas duquel pendait l'alvéole qui contenait sa rivale; comme sa mère, elle voulut déchirer l'enveloppe de cire, mais les gardes n'eurent pas pour elle les mêmes égards : elles la saisirent et la tinrent un instant prisonnière; puis, la laissant aller, elles l'obligèrent par de mauvais traitements à s'éloigner au plus vite de cet endroit. Forcée dans sa fuite de passer devant d'autres cellules royales, elle y trouva la même réception; on la mordait, on lui tirait les jambes, on la saisissait par ses antennes; bref, elle devint comme furieuse, s'agita tellement et porta un si grand trouble dans la ruche, que bientôt tout fut en confusion. Son délire s'étant communiqué de proche en proche, toutes les circonstances que j'ai rapportées lors de la formation du premier essaim se renouvelèrent, et un moment après les abeilles tourbillonnaient aux environs de la ruche, qui bientôt se trouva presque entièrement vide.

Ainsi se forma le second essaim.

Plusieurs des jeunes reines captives profitèrent de

cette occasion pour se délivrer de leur esclavage et accompagnèrent l'essaim, qui alla chercher ailleurs un nouvel établissement.

Voilà donc la ruche abandonnée encore une fois par le peuple qui l'habitait. Plusieurs milliers d'abeilles revenant des champs ranimèrent un peu ce lieu si peuplé, si bruyant naguère, maintenant si triste; une des jeunes reines, qui n'avait pu suivre l'essaim, demeura maîtresse du logis, et le premier usage qu'elle fit de sa souveraineté, fut de détruire tout ce qui restait de la race royale. Cette fois, le petit nombre d'abeilles qui se trouvait près des cellules privilégiées ne s'opposa point aux volontés de la jeune souveraine.

Ainsi, tout espoir d'envoyer au loin une nouvelle colonie fut abandonné par les abeilles, qui dès lors ne s'occupèrent plus que d'approvisionner la ruche pendant la belle saison.

Qui pourrait douter encore qu'il ne soit très-utile de connaître tous les détails qui se rapportent à la formation des essaims? Il me semble, toute curiosité à part, qu'il est très-avantageux de savoir pourquoi et comment se fonde une colonie. Cette connaissance peut décider le maître de la ruche à favoriser la sortie d'un essaim, à la retarder ou à l'empêcher tout à fait. On a cru pendant longtemps, et la plupart des apiculteurs croient encore que le manque d'espace est la seule cause du départ des abeilles. On a bâti là-dessus des méthodes et des ruches fondées sur la même erreur; bien des cultivateurs s'imaginent qu'il suffit de donner aux ruches plus de capacité pour retenir les abeilles ; j'en ai connu qui se reposaient sur cette précaution et ne songeaient plus à garder leur rucher. Or, les exemples d'essaims sortis de grandes ruches à moitié pleines ne sont pas rares. Des abeilles établies dans des cheminées, dans des greniers, dans des troncs d'arbres, donnent des essaims aussi bien que celles qui habitent nos petites ruches ; car les motifs du départ ne tiennent nullement au défaut d'espace.

On a remarqué que la reine mère peut détruire à volonté les jeunes reines ; cela explique pourquoi, dans les saisons pluvieuses, si l'essaim n'est pas parti au temps prescrit, la reine mère a tout le loisir d'exterminer ses jeunes rivales à mesure qu'elles deviennent d'âge à lui causer l'inquiétude, et alors il n'y a pas de colonie cette année-là.

La jeune reine, restée souveraine absolue de la ruche par la mort de toutes ses rivales, ne reçoit néanmoins aucun des soins dont la vieille reine était constamment environnée ; les abeilles ne lui témoignent pas d'affection et n'ont pour elle ni respect ni empressements. Elle est libre de sortir, de rentrer, sans que les ouvrières paraissent s'en inquiéter le moins du monde. Pendant cette période, tout paraît morne dans la ruche. Naguère, le soir, la nuit, on y entendait le joyeux murmure des ouvrières livrées à leurs travaux, le chant de la reine, le son clair et répété des gardes faisant les reconnaissances ; maintenant les ouvrières vont bien à la récolte du miel, mais en petit nombre, et ne rapportent point de pollen ; il n'y a plus de larves à nourrir ; le peu d'alvéoles qui restent occupés le sont par des vers bouchés ou par des nymphes. Cependant, chaque jour il se fait grand tapage devant la ruche, si le temps est beau ; ce sont les jeunes ouvrières qui prennent leurs ébats aux rayons du soleil, et les mâles, très-nombreux dans les ruches mères, qui vont en quête d'aventures dans les hautes régions de l'air. On ne les voit plus, mais on les entend de fort loin. La vie paresseuse que mène la population tout entière ne doit pas nous surprendre; la cause en est aisée à deviner. C'est la stérilité de la reine. Celle-ci n'ayant pas encore été fécondée, quoique environnée d'une légion de mâles, les abeilles sont privées de ce qui les stimule au travail : l'éducation des larves. Sans les joies de la famille, elles tombent dans la paresse et le découragement.

Le temps couvert et pluvieux n'a pas encore permis à la jeune reine de sortir ; chaque fois qu'après avoir fait choix d'un époux elle a voulu s'élancer dans les airs avec lui, de gros nuages ont voilé le soleil, et la promenade projetée a été abandonnée.

Cependant, dès que le soleil brille de nouveau d'un éclat sans nuage, les abeilles sortent en foule de leur ruche ; les mâles joignent leur bruyant bourdonnement à celui que les jeunes abeilles font entendre en se balançant dans les airs ; la reine veut aussi se mêler parmi cette foule empressée de jouir d'un soleil radieux, d'une atmosphère calme et tranquille. Elle rejoint dans les airs un des époux qu'elle s'est choisis, et, après une absence d'une demi-heure, elle revient au logis pour ne plus le quitter ; elle est enfin devenue l'objet des attentions de la peuplade entière. Deux jours après elle commence la ponte de ces œufs d'où sortent les larves dont l'éducation fait les délices des abeilles.

L'époux qui a eu l'honneur d'être choisi parmi plusieurs centaines de mâles vient mourir au pied de la ruche ; quelques jours après, tout ce qui reste de la race masculine est égorgé sans pitié par les abeilles.

CHAPITRE VIII

Transformation de larves ouvrières en larves royales. Ouvrières fécondes.

C'est à la fin du siècle dernier qu'on a fait les observations les plus intéressantes sur les abeilles. Parmi celles qui ont le plus d'importance pour les apiculteurs, je citerai d'abord celle de Schirach, qui s'est aperçu le premier du singulier pouvoir que possèdent les abeilles de modifier la destination d'une larve d'ouvrière, de manière à lui donner toutes les qualités qui distinguent les reines du reste de la population. Cette découverte a démontré jusqu'à l'évidence que parmi les abeilles il n'y a réellement que des mâles et des femelles, et que la seule différence qui existe entre les ouvrières et les reines consiste dans le développement plus ou moins parfait des organes du travail et de la maternité. Ainsi, l'on remarque chez l'ouvrière que les instruments du travail sont parfaitement appropriés à sa destination ; sa mâchoire est plus forte, et les deux pièces écailleuses qui lui servent de dents[1] sont plus larges et plus tran-

[1] Ses mâchoires se meuvent horizontalement, de droite à gauche.

chantes; la langue, qui doit pénétrer dans le calice des fleurs, a plus de longueur, de force et de souplesse, car elle s'en sert aussi comme d'un pinceau; c'est d'ailleurs son principal instrument dans la construction des alvéoles. L'ouvrière possède encore les loges à cire dont j'ai parlé précédemment, qui sont invisibles chez la reine; enfin ses jambes postérieures sont pourvues de ces forts et longs poils formant par leur entre-croisement les corbeilles qui lui servent pour transporter du pollen et de la propolis. On peut dire encore que l'aiguillon de l'ouvrière est droit, tandis que celui de la reine est recourbé. D'après cela, on comprendra que la reine soit incapable de travailler et même de pourvoir à sa propre subsistance.

Toutes ces différences dans l'organisation de l'abeille selon qu'elle est destinée au travail ou à la royauté, sont dues uniquement au genre de nourriture qu'elle reçoit lorsqu'elle vit à l'état de ver ou de larve, et non, comme quelques personnes l'avancent, à la grandeur, à la forme et à la direction de l'alvéole qui lui sert de berceau. La démonstration de ce que je viens de dire exigeant des développements que je ne puis donner ici, je passe immédiatement au moyen que les abeilles mettent en œuvre pour obtenir une ou plusieurs reines, lorsqu'elles ont eu le malheur de perdre la leur; car ce n'est que dans ce seul cas qu'elles font usage de ce merveilleux pouvoir. On verra comment un apiculteur intelligent peut en user à son tour et obliger les abeilles à élever des reines pour remplacer celles que la vieillesse ou un accident quelconque auraient rendues stériles, ou pour en donner à des populations qui en seraient privées.

J'avais enlevé la reine d'une ruche pour une expérience particulière d'observation. J'avais fait cette opération dans la matinée, au moment où plus de la moitié des abeilles était aux champs. Aussitôt l'enlèvement fait, je me mis en observation ; voyant que rien ne troublait les abeilles, j'allais me retirer, lorsque j'aperçus quelques-unes d'entre elles qui couraient et s'agitaient en tous sens sur la surface de l'un des gâteaux. Elles paraissaient fort émues et faisaient entendre un bourdonnement particulier. Chaque fois qu'elles se rencontraient, elles se frappaient mutuellement avec leurs antennes, et aussitôt leur agitation redoublait. Bientôt elles s'éloignèrent rapidement, dans le but apparent de communiquer à leurs compagnes leur inquiétude sur la disparition de la reine ; celles-ci, jusqu'alors parfaitement tranquilles et occupées de leurs travaux, s'agitaient à leur tour et semblaient comprendre le malheur qui les frappait.

Cette émotion, se communiquant de proche en proche, atteignit bientôt jusqu'aux extrémités de la ruche ; les abeilles abandonnèrent leurs travaux et parcoururent leur demeure en tous sens comme frappées de vertige.

Cependant, ne trouvant leur reine nulle part, elles se répandirent au dehors en faisant entendre un bourdonnement particulier. Il était impossible de se méprendre sur le caractère de cette agitation ; elles cherchaient évidemment leur mère, et ce ne fut qu'après avoir fureté partout dans le jardin qu'elles rentrèrent dans leur habitation. Enfin elles se calmèrent peu à peu, et quelques heures après tout avait repris l'aspect accoutumé.

Comme je voulais profiter de cette occasion pour vérifier l'exactitude de certaines expériences sur les procédés dont elles usent en pareille circonstance, je restai attentif à leurs moindres mouvements. Je m'aperçus bientôt qu'elles arrachaient les larves de quelques cellules, et qu'après en avoir sucé la partie liquide elles les emportaient hors de la ruche. Elles mangeaient de même avec avidité la bouillie sur laquelle reposait le ver. Cependant tous les vers de ce gâteau ne subirent point le même sort ; plusieurs devinrent au contraire les objets de soins tout particuliers. Ayant détruit les cellules dont elles avaient enlevé les larves, les nourrices profitèrent de l'espace devenu libre, et agrandirent celles des larves privilégiées. Elles ne s'en tinrent point là ; elles apportèrent une telle quantité de nourriture, que les larves étaient obligées de se rapprocher de l'ouverture de l'alvéole. J'observai qu'à mesure qu'elles avançaient leurs nourrices prolongeaient le tube, mais non en droite ligne ; il formait au contraire un coude et bientôt prenait une direction perpendiculaire. Ces cellules ressemblaient un peu aux alvéoles royaux ; elles en avaient la longueur, mais non l'épaisseur ni le *guilloché*. Comme les larves qu'elles contenaient étaient toutes du même âge, les cellules s'allongèrent toutes à la fois ; mais une chose digne de remarque, c'est qu'au fur et à mesure que ces tubes atteignaient des cellules contenant d'autres larves, les abeilles sacrifiaient celles-ci sans balancer et se servaient des matériaux pour achever la construction de ces espèces d'alvéoles royaux.

Lorsque les alvéoles eurent atteint la longueur voulue et les larves l'âge requis, les ouvrières les scellèrent d'un couvercle de cire et ne s'en inquiétèrent plus. On voit que cette conduite diffère entièrement de celle qu'elles tiennent à l'égard des véritables cellules royales : c'est qu'ici elles n'ont point à préserver les jeunes reines de la jalousie de la reine mère ou de ses successeurs.

Les larves choisies, ayant toutes le même âge, subirent leurs diverses métamorphoses en même temps ; elles sortirent toutes le même jour de leur alvéole, mais à des heures différentes. Cependant la première éclose ne se jeta point sur ses compagnes ; car, n'ayant pas été retenue captive dans sa cellule, elle en sortit encore humide, le corps mou et blanchâtre. Elle se tint immobile pendant les premiers moments, ne recevant même d'autres soins des nourrices que ceux qu'elles accordent aux simples ouvrières. Dans les premières rencontres qui eurent lieu entre ces jeunes reines, elles ne témoignèrent aucune haine les unes contre les autres ; j'en inférais même déjà que les auteurs qui parlaient de la pluralité des reines pouvaient bien n'avoir pas eu tout à fait tort, et que dans certaines circonstances cette pluralité avait pu exister. Mais ces jeunes reines ayant acquis des forces pendant la nuit, leur caractère jaloux se manifesta bientôt, elles se livrèrent plusieurs combats ; dès le lendemain je remarquai de jeunes reines mortes au fond de la ruche, et le jour suivant une seule d'entre elles régnait sans contestation sur la population tout entière.

Comme cette expérience avait eu lieu à une époque où il existe encore des mâles, la jeune reine ne tarda pas à se montrer parfaitement disposée à remplir le but de la nature.

Il paraît, au reste, que le changement de nourriture cause une espèce de crise aux jeunes larves qui n'ont pas reçu la gelée royale dès les premiers instants de leur existence ; car il arrive presque toujours que ce changement occasionne la mort de plusieurs d'entre elles. Je ne crois pas exagérer en avançant qu'un tiers de ces larves payent de leur vie la chance de parvenir un jour à la royauté. C'est probablement un des motifs qui engagent les abeilles à conserver un nombre de larves si fort au-dessus des besoins de la population, à laquelle une seule reine suffit.

Dans l'expérience dont je viens de rendre compte, dix-sept larves avaient été choisies par les abeilles ; onze seulement parvinrent à l'état d'insectes parfaits ; une seule reine fut le résultat obtenu. Lorsque la population est faible, les abeilles ne sacrifient pas un si grand nombre de larves.

On voit d'après cette expérience qu'il est facile

d'obvier à la stérilité d'une reine ou de la remplacer, puisqu'il suffit de profiter du pouvoir que la nature a accordé aux abeilles d'en créer pour ainsi dire à volonté. Mais on se ferait illusion si l'on croyait, comme quelques auteurs l'ont affirmé, qu'il est seulement nécessaire de leur procurer une portion de gâteaux contenant des œufs ou des larves n'ayant pas dépassé l'âge où cette métamorphose est encore possible. Pour procéder à cette opération avec quelque chance de succès, on doit observer certaines conditions indispensables. La première de toutes, c'est de ne la tenter que pendant l'époque de l'essaimage naturel, seul temps de l'année où il existe des mâles, soit dans la ruche même que l'on veut opérer, soit dans d'autres ruches, ce qui importe peu, l'accouplement n'ayant jamais lieu dans l'habitation, mais dans une rencontre aérienne.

Il arrive parfois qu'une ruche privée de reine depuis longtemps a conservé ses mâles, ou qu'une reine dont la fécondation a été retardée au-delà du terme ordinaire ne pond plus que des œufs de mâles, la ponte se trouvant viciée. Il est même des ouvrières fécondes, surtout dans les ruches désorganisées, qui pondent aussi des œufs de mâles. Dans ces divers cas, on rencontre souvent des mâles jusque dans l'arrière-saison ; on pourra alors tenter l'opération que je vais décrire avec de grandes chances de succès pendant toute l'année, c'est-à-dire jusqu'au moment où les abeilles cessent de se jouer dans les airs lorsque le soleil brille.

Si l'on n'a d'autre but que de procurer une reine à une population qui en est privée, il suffira d'enlever dans une autre ruche une portion de gâteau contenant des œufs ou des larves âgées de trois jours au plus. On donnera ce gâteau aux abeilles privées de reine : elles en prendront soin et choisiront aussitôt quelques larves pour les élever à la royauté.

S'il s'agit de remplacer une reine stérile, il faudra d'abord s'en emparer, autrement les abeilles n'en élèveraient point; car elles ont presque autant d'affection pour leur vieille reine, et pour celle qui par accident a perdu la faculté de pondre, que pour une reine féconde; si même elles en élevaient, la vieille reine les aurait bientôt détruites. Il faudra même attendre deux ou trois jours, temps nécessaire pour que les abeilles oublient leur ancienne mère, avant de leur livrer le couvain qui doit servir à la remplacer.

Lorsque tout est disposé convenablement, on examine la portion de gâteau que l'on veut introduire, et l'on pratique dans un des grands rayons une ouverture de la même grandeur à peu près, où on le fait entrer en le maintenant au moyen de deux ou trois épingles de bois.

Cette opération demande une certaine habileté; mais elle deviendra d'une exécution facile lorsqu'on sera parvenu à endormir les abeilles, et elle ne présentera alors aucun danger.

En somme, bien que les réunions soient en général préférables à tout autre mode de rendre l'activité aux abeilles, il est des circonstances où la découverte de

Schirach offre un avantage réel dans la pratique de l'apiculture; elle mérite par conséquent d'être connue des apiculteurs.

Avant de terminer ce chapitre, je crois devoir dire un mot au sujet des ouvrières qui pondent. C'est à Riem que l'on doit les premières observations sur cette faculté que possèdent quelques ouvrières dans certaines circonstances données. Huber et d'autres naturalistes ont reconnu l'exactitude de l'observateur allemand, mais ils ont en même temps posé des limites trop restreintes à cette faculté. J'ai fait connaître le premier que les abeilles, en général, ne sont pas aussi insensibles qu'on se l'imagine, et qu'à une certaine époque de l'année elles se livrent dans le vague de l'air, à une grande hauteur au-dessus des ruches, à des amours dont les résultats sont pour l'ordinaire entièrement nuls. Cependant il arrive parfois que quelques-unes d'entre elles deviennent fécondes; mais, aussitôt que la reine s'en aperçoit, elle les sacrifie à sa jalousie. Ces derniers faits sont déjà connus des naturalistes; seulement mes observations répétées ne s'accordent point avec les leurs sur un point essentiel, ce qui est très-important à constater.

On sait que les reines dont la fécondation a été retardée au delà d'une quinzaine de jours ne produisent plus que des œufs de mâles; or, les naturalistes prétendent que les ouvrières fécondes sont constamment dans le même cas, ce qui est tout à fait contraire à mes propres observations.

Voici une expérience qu'il est facile de renouveler,

si l'on veut se convaincre de la vérité de mes assertions.

Lorsque, à l'époque des essaims, on enlève une ruche de sa place et qu'on lui substitue une petite boîte ou ruche dans laquelle on a fixé quelques portions de gâteau enlevées à la ruche mère, les abeilles qui reviennent des champs continuent l'éducation du couvain et pondent aussi, mais en petit nombre, des œufs d'où sortent des ouvrières parfaitement conformées. La première fois que je fis cette expérience, je ne pouvais en croire mes yeux, car ses résultats contredisaient tout ce qui avait été établi par de grands naturalistes.

Je visitai les abeilles une à une, pour savoir si parmi elles il ne se trouvait pas de reine, et je m'assurai qu'il n'y en avait point, ni de mâles non plus. Cependant ces petites ruches prospérèrent pendant la belle saison; elles devinrent même de véritables ruches lorsque plus tard je leur adjoignis des abeilles que je rapportais des bois et dont je n'avais pu saisir la reine.

Au reste, les abeilles fécondes ne reçoivent aucun soin particulier des autres ouvrières, et cette fécondité ne les empêche pas de se livrer à tous les travaux qui sont le partage des abeilles ordinaires.

CHAPITRE IX

Dernières considérations sur l'intelligence des abeilles.

Avant d'abandonner définitivement ce petit peuple dont nous venons de décrire la vie, et que nous avons suivi depuis son entrée dans la ruche jusqu'à ses émigrations, nous éprouvons le besoin d'insister encore sur l'instinct extraordinaire, disons mieux, sur l'intelligence dont font preuve les abeilles.

Si nous revenons sur ce sujet, c'est que la plupart des naturalistes s'obstinent à prétendre que les abeilles n'agissent et ne peuvent agir que machinalement. Le plus illustre d'entre eux, Buffon, ne sachant comment expliquer l'admirable combinaison architecturale de leurs édifices de cire, en donne la définition suivante. Si l'on renfermait des pois dans un vase clos, à moitié rempli d'eau, ils l'absorberaient bientôt, et, en se gonflant, ne pourraient prendre que sur l'espace laissé libre par ceux qui les environnent. Chaque pois serait forcé de prendre une forme qui n'est pas sans rapport avec celle de l'alvéole. Ainsi, on pourrait en inférer que les abeilles, pressées l'une contre l'autre, produisent par cette même pression la figure que nous offre un rayon de cire.

Si Buffon eût consacré quelques instants à l'étude de cette question, s'il eût observé les abeilles dans leur travail, il se serait bien gardé de se prononcer ainsi. Huber fils ayant décrit ces travaux avec une précision inimitable, je ne me hasarderai pas à en parler après lui; il me faudrait d'ailleurs employer des termes scientifiques, fatigants pour tous ceux qui n'ont pas fait une étude approfondie des mathématiques et de la géométrie, et fort ennuyeux pour ceux qui n'ont pas le goût des sciences exactes.

Passons donc à des preuves d'un genre moins sérieux, mais non moins attrayant. Les abeilles déploient parfois une espèce de tactique qui démontre qu'elles n'agissent pas machinalement. Même dans le cas où la colère paraît être leur seul mobile, elles semblent ne s'y abandonner que lorsqu'elles ne peuvent agir autrement. Ainsi, lorsqu'une des gardiennes aperçoit quelque ennemi aux environs de la ruche, elle s'élance vers lui; et par un bourdonnement clair et menaçant elle lui fait entendre qu'il ait à se retirer aussitôt. Si cet ennemi ne paraît pas comprendre cette menace, ce qui est rare, car hommes, chevaux, chiens et animaux de toute espèce connaissent parfaitement le danger qu'ils courent, l'abeille va chercher du renfort. Elle rentre dans sa demeure pour en ressortir bientôt, suivie d'un nombre d'abeilles proportionné aux forces de l'ennemi qu'il s'agit d'expulser.

Remarquons bien, toutefois, que ce n'est qu'après avoir échoué dans sa première tentative, lorsque l'ennemi a fait mine d'avancer ou de vouloir se battre, que l'abeille se jette sur lui. Il en est de même lorsqu'elle revient avec du renfort. Avant de combattre, les abeilles essayent encore d'effrayer l'ennemi, comme si elles savaient d'avance que leur vie est le prix de la victoire.

Pendant que j'étais occupé à visiter mes espaliers, mon beau chien de Terre-Neuve furetait par-ci par-là; il s'était rapproché des ruches en suivant la piste d'un mulot ou d'une taupe.

J'allais le rappeler, lorsque je m'aperçus qu'une abeille bourdonnait auprès de lui; mais, tout entier à sa chasse, il continuait à gratter et à renifler.

Un moment après, j'entendis un bourdonnement plus fort; je vis le chien qui se secouait les oreilles; tout à coup il se mit à crier, à se rouler par terre, puis il se releva et s'enfuit de toute la vitesse de ses jambes, toujours criant, comme si on l'eût écorché vif. Il ne m'entendait pas; je le suivis en courant moi-même. Quand je le rattrapai, il était comme fou de douleur, et cependant je ne trouvai que cinq aiguillons; car il avait écrasé les abeilles soit en se roulant par terre, soit avec ses pattes.

On pourrait citer des milliers de faits semblables; souvent de gros animaux, tels que des chevaux et des bœufs, attachés près d'un lieu où il y avait des ruches et ayant inquiété les abeilles, sont morts des suites de leurs piqûres.

Voici un autre fait qui démontre plus sensiblement encore cet esprit de combinaison, cette tactique habile dont j'ai parlé précédemment.

M. de Crévecœur, auteur d'un ouvrage sur les premiers colons américains, homme distingué et bon observateur, rapporte plusieurs anecdotes sur les abeilles. J'en citerai une très-intéressante.

Grand amateur d'abeilles, il avait établi un rucher dans son jardin et le soignait avec ce zèle qu'il mettait à tout ce qu'il entreprenait. Il avait remarqué que certains oiseaux, nommés abeilliers ou guêpiers, parce qu'ils vivent principalement de ces insectes, s'étaient établis dans son jardin même, et que, perchés sur les grands arbres, ils croquaient les abeilles, les saisissant au passage avec une adresse merveilleuse.

M. de Crévecœur était désolé des ravages que ces oiseaux exerçaient parmi ses abeilles; ses ruches se dépeuplaient sans qu'il lui fût possible d'y porter remède. Les coups de fusil éloignaient les autres oiseaux utiles et ceux-là semblaient invulnérables.

Un jour qu'il réfléchissait aux moyens à employer pour chasser les ennemis de ses abeilles, il entendit tout à coup un grand bourdonnement autour de ses ruches. Il pensait en lui-même qu'elles se disposaient à fuir leur demeure, car ce n'était pas la saison des essaims; mais il comprit bientôt le but de tout ce bruit. Deux de ces oiseaux étaient en ce moment postés sur les branches les plus hautes d'un ébénier et se régalaient d'une multitude d'abeilles qui passaient précisément dans cette direction.

Il est probable que quelques-unes d'entre elles, échappées au bec des oiseaux, étaient revenues sonner l'alarme, car le nombre des abeilles qui sortaient des ruches devenait de plus en plus considérable. Elles se dirigèrent enfin toutes ensemble du côté où se tenaient les oiseaux. Mais cette attaque tumultueuse ne produisit pas l'effet désiré : leurs ennemis se retirèrent, il est vrai, mais non sans s'être gorgés d'abeilles.

Voyant l'inutilité de leur entreprise, elles revinrent au rucher et les oiseaux reprirent leur position.

Cependant M. de Crévecœur entendait un tapage plus considérable encore que la première fois ; bientôt, il fut témoin du spectacle le plus étonnant. Les abeilles, rassemblées en masses serrées, s'élancèrent sous la forme d'un boulet de canon et avec une rapidité inconcevable sur l'ennemi, qui cette fois s'enfuit au loin à tire-d'ailes. Alors les abeilles victorieuses se séparèrent et revinrent triomphantes à leur demeure.

N'y a-t-il pas dans ce fait la preuve d'une tactique et d'un esprit de combinaison véritables ?

Voici un fait d'un autre genre rapporté par Huber :

« Vers la fin de l'été, lorsque les abeilles ont emmagasiné une partie de leur récolte, on entend quelquefois auprès des ruches un bruit étonnant ; une multitude d'ouvrières sortent pendant la nuit et s'échappent dans les airs ; le tumulte dure souvent plusieurs heures, et le lendemain on voit beaucoup d'abeilles mortes devant la ruche ; le plus souvent celle-ci ne renferme plus de miel, et quelquefois elle est déserte.

« Ayant mis mes gens en embuscade, ils m'apportèrent bientôt de grands papillons de nuit, connus sous le nom de tête de mort. Ces sphinx voltigaient en grand nombre autour des ruches.

« De toutes parts, on m'apprenait que de semblables dégâts avaient été commis par les sphinx. Comme les entreprises des sphinx devenaient de jour en jour plus funestes aux abeilles, on imagina de rétrécir les portes de la ruche, afin que l'ennemi ne pût s'y introduire. Ce procédé eut un succès complet; le calme se rétablit et les dégâts cessèrent.

« Les mêmes précautions n'avaient pas été prises en tous lieux; mais nous nous aperçûmes que les abeilles, livrées à elles-mêmes, avaient pourvu à leur propre sûreté: elles s'étaient barricadées sans le secours de personne, au moyen d'un mélange de cire et de propolis, dont elles avaient formé un mur épais à l'entrée de leur ruche. Ce mur s'élevait immédiatement derrière la porte, et quelquefois dans la porte elle-même; elles l'obstruaient entièrement, mais il était percé à jour lui-même de quelques ouvertures suffisantes pour le passage d'une abeille.

« Les ouvrages qu'elles avaient établis étaient d'une forme variée : là, comme je viens de le dire, on voyait un seul mur, dont les ouvertures étaient à arcades et disposées dans le haut de la maçonnerie; ailleurs, plusieurs cloisons, les unes derrière les autres, rappelaient les bastions de nos citadelles; des portes masquées par des murs antérieurs s'ouvraient sur les faces de ceux du second rang et ne correspondaient point avec les murs du premier ; quelquefois c'était une suite d'arcades croisées, qui laissaient une libre issue aux abeilles sans permettre l'introduction de leurs ennemis : car ces fortifications étaient massives; la matière en était compacte et solide.

« Les portes pratiquées cette année-là furent démolies au printemps suivant. Les sphinx ne parurent point cette année, ni la suivante ; mais dans l'automne de 1807, ils se montrèrent en grand nombre. Aussitôt les abeilles se barricadèrent et prévinrent ainsi le désastre dont elles étaient menacées.

« En disséquant un grand sphinx pris en plein air, nous trouvâmes son abdomen rempli de miel ; la cavité antérieure, qui occupe les trois quarts du ventre, était pleine comme un baril ; elle pouvait contenir environ une grande cuillerée de miel. Ce miel avait la même consistance et le même goût que celui des abeilles. »

Croira-t-on cependant que ce grand observateur, ce savant historien des abeilles, qui avait été témoin de tant de faits merveilleux touchant l'intelligence de ces insectes, se soit humblement soumis au jugement des naturalistes de son époque, et qu'il ait refusé toute initiative aux abeilles? Aussi que de peine ne se donne-t-il pas pour expliquer les traits admirables de sagacité qu'il rapporte presque avec regret, tant il a peur d'être accusé de prêter aux abeilles des sentinents supérieurs à ce que l'on est convenu d'appeler instinct !

« La nature, dit-il, ne pouvait accorder aux abeilles la plus légère portion d'intelligence ; elle ne devait donc leur laisser aucune précaution à prendre, aucune combinaison à former, aucune prévoyance à exercer, aucune connaissance à acquérir. » Ainsi donc, quand les abeilles bâtissent leurs cellules, lorsqu'elles récoltent des provisions, lorsqu'elles soignent leurs petites larves, il ne faut chercher là ni plan, ni affection, ni prévoyance !

En rapportant les marques d'attachement, de respect, de dévouement, dont il a vu les abeilles accabler leur reine, il attribue ces sentiments à quelque émanation attrayante, à quelque sensation agréable que les reines font éprouver aux abeilles !

Ah ! combien je préfère encore la simple exclamation des Turcs : *Dieu est grand !* qu'ils emploient lorsqu'ils parlent d'une chose au-dessus de la conception humaine, à toutes les froides explications des savants !

N'est-ce pas encore une grande preuve d'intelligence chez les abeilles que de savoir qu'en recouvrant un corps mort, celui d'une souris, par exemple, avec de la propolis, ce petit cadavre, ainsi embaumé, ne pourra pas infecter l'air de ses émanations délétères ? et il faut remarquer qu'elles n'ont recours à ce procédé qu'après avoir vainement tenté de l'entraîner au dehors, ce qui annonce de leur part une espèce de raisonnement.

Je demandais dernièrement à l'un des savants successeurs de Buffon ce qu'il entendait par science instinctive. « C'est, m'a-t-il répondu, qu'elle naît avec l'individu, tandis que la science de l'homme ne s'acquiert que par la tradition et le travail. Ainsi, un chien fait dès sa naissance les mêmes efforts pour se sauver, lorsqu'on le jette à l'eau, que lorsqu'il a la force de nager; tandis que l'homme ne sait nager qu'après s'être exercé plus ou moins longtemps. »

Eh bien! j'accepte cette définition de l'instinct; elle me paraît assez exacte. Je comprends maintenant pourquoi on veut que les abeilles soient partagées en plusieurs classes, les butineuses, les cirières, les gardes, les nourrices, sans oublier celles qui seules savent construire les cellules.

Chaque abeille naissant avec les capacités que comportent ces occupations diverses, cela explique l'ignorance des butineuses à soigner le couvain, celles des cirières à donner aux alvéoles ce fini que nous admirons, etc. De cette manière, on évite de reconnaître que l'abeille ne possédait pas d'abord les talents qu'elle déploie plus tard.

Cependant, si les abeilles ont toutes le même genre de construction, ou à peu près, il faut avouer qu'il y a des peuplades dont l'industrie architecturale a bien dégénéré, si l'on compare leurs édifices avec les travaux qui excitent justement notre admiration. J'ai vu des ruches dont les rayons presque informes contrastaient prodigieusement avec ceux d'autres ruches. Or, si on admet que les abeilles puissent dégénérer, il faut convenir que c'est aussi une preuve qu'elles sont susceptibles de perfectionnement.

Le chèvrefeuille contient beaucoup de nectar, mais la longueur de son calice empêche les abeilles d'atteindre jusqu'aux glandes qui le renferment. Quelques personnes ont vu peut-être certains papillons nocturnes déployer leur longue trompe et la plonger dans la fleur, tandis qu'immobile le superbe papillon de nuit absorbe le miel sans la toucher. On s'est dit sans doute que lui seul peut l'extraire, l'abeille étant dépourvue de cet organe long et souple, sans lequel on ne saurait pénétrer dans les profondeurs de l'étroit calice. Eh bien! j'ai vu des populations d'abeilles vivre dans le voisinage de ces fleurs et d'autres encore, dont elles ne savaient pas profiter, tandis que ces mêmes fleurs étaient fort recherchées par les abeilles d'autres pays, qui, plus industrieuses, perçaient le calice à sa base pour s'emparer du miel.

Dans les contrées où l'on cultive la canne à sucre, on voit dans certains lieux les abeilles déchirer avec leurs dents l'épiderme de la tige et la perforer pour en sucer le jus. Ailleurs, des populations moins industrieuses traversent les champs de cannes sans se douter que ces tiges vertes renferment en abondance la liqueur sucrée qu'elles vont chercher au loin.

A l'heureuse époque où, encore assis sur les bancs du collége de ***, je traduisais la charmante et fantasque description que Virgile nous a laissée des mœurs des abeilles, je venais d'obtenir de mon père la permission d'avoir une ruche sur la croisée de mon cabinet d'étude. Il me serait impossible de vous dire la joie que j'éprouvais lorsqu'aux premières lueurs du jour je suivais, attentif, les allées et venues de mes abeilles, et combien de fois le soir, avant de me coucher, j'ai passé de longs moments la tête appuyée contre la demeure de ce petit peuple, écoutant jusqu'au moindre son que le silence qui régnait autour de moi me permettait d'entendre....

Cette ruche était de mon invention, assez commode pour l'observation, mais n'offrant pas de grands avantages sous d'autres rapports; ainsi la porte était fort grande, afin d'éclairer l'intérieur de l'habitation. Dans la crainte que d'autres animaux nuisibles ne s'introduisissent par cette large ouverture, j'avais posé un léger grillage en fil d'archal, dont les mailles croisées en losange étaient suffisamment espacées pour laisser le passage libre à une abeille ordinaire; les mâles eux-mêmes pouvaient y passer bien qu'avec plus de difficulté.

Ce grillage avait un grave inconvénient pour les abeilles. Lorsqu'elles rentraient chargées de pollen, il arrivait souvent que dans leur précipitation elles se heurtaient contre les fils et perdaient une partie de leur charge; quelquefois tout ce que contenaient leurs corbeilles s'accrochait aux barreaux et venait rouler sur l'appui de la ruche. D'abord les abeilles ne parurent pas s'en apercevoir; mais, la population étant devenue plus nombreuse, elles essayèrent vainement pendant plusieurs jours de ronger le fil de fer, puis d'agrandir les losanges là où ils touchaient au bois de la porte. L'inutilité de ces efforts leur fit prendre une autre détermination. La ruche reposait sur une planche qui n'avait guère plus de 0m,01 d'épaisseur; les abeilles se mirent à ronger cette planche, et, comme leur intention n'était que de faire un passage étroit, ne pouvant travailler en grand nombre à la fois, elles s'imaginèrent de ronger simultanément les deux côtés de la planche en dessus et en dessous; elles s'y prirent avec une telle justesse que, si elles eussent eu un compas d'épaisseur pour mesurer la distance, les deux ouvertures n'auraient pas mieux coïncidé.

Je crois avoir donné assez de preuves de la prodigieuse intelligence de ces petits êtres, et je craindrais de fatiguer mes lecteurs si je rapportais tout ce que je pourrais ajouter sur ce sujet.

CHAPITRE X

Les abeilles à l'état sauvage.

Les mœurs des abeilles étant les mêmes à l'état sauvage, c'est-à-dire pour celles qui vivent loin des regards de l'homme, dans des creux de rochers, dans des tanières abandonnées, dans les cavités de vieux arbres, que les mœurs de celles que nous avons soumises à une espèce de domestication, je n'ai point l'intention de revenir sur ce sujet. Les unes et les autres sont sous l'empire des lois immuables qu'elles ne sauraient enfreindre sans que leur race entière s'anéantisse à jamais.

Quelques personnes se demandent pourtant ce que les abeilles privées de nos soins peuvent devenir, lorsque, outre une foule d'ennemis, elles ont à lutter contre trois choses fatales à leur prospérité : la vieillesse de la reine, le rétrécissement des alvéoles, enfin l'abondance du vieux miel et du pollen ; parfois cette abondance est telle que l'un se cristallise et devient inutile aux abeilles, tandis que l'autre, par un séjour trop prolongé dans la ruche, s'aigrit et devient une cause de maladie. J'ajouterai à ce tableau la vermine qui envahit les vieilles demeures et s'attaque aux vieilles abeilles. Par vermine j'entends désigner l'horrible pou qui vit sur le corps de l'abeille et à ses dépens. D'autres auteurs ont donné ce nom à la fausse teigne, et bien à tort, car c'est à ce lépidoptère que la race entière des abeilles doit la conservation de son espèce. .

Qu'on ne m'accuse pas de folie ou d'exagération ; on sera forcé de convenir du fait tout à l'heure.

La nature, ou pour exprimer plus convenablement ma pensée, la Providence créatrice, a si bien disposé toutes choses, que ce qui semble d'abord un mal certain est au contraire souvent un très-grand bienfait. Il en est ainsi pour ces pauvres papillons qui vont déposant leurs œufs sur l'ouvrage des abeilles, et dont la chenille est un objet d'exécration aux yeux de l'apiculteur. Dans l'état sauvage, ces chenilles rendent aux abeilles le plus important des services; on peut dire même, je le répète, que sans elles la race des abeilles aurait disparu de la surface de la terre.

Supposons que rien ne vienne troubler la tranquillité d'une population d'abeilles logée dans un tronc d'arbre. Dès la seconde année, les cellules auront diminué de capacité; la troisième, elles seront sensiblement plus petites, et les abeilles elles-mêmes ne pourront y prendre l'accroissement ordinaire; elles donneront cependant des essaims, faibles, il est vrai, et composés d'abeilles plus petites. Mais à la quatrième et aux suivantes, voilà une population évidemment arrivée à sa décadence ; si elle conserve encore une partie de ses facultés, elle le doit uniquement à une prévoyance toute particulière de la nature, qui n'a pas voulu que le berceau de la reine fût sujet à ce rétrécissement. On sait qu'un alvéole royal ne sert jamais qu'une seule fois, étant détruit par les abeilles après la naissance de la jeune reine. C'est à cette circonstance toute providentielle que les abeilles doivent de se conserver si longtemps dans de si mauvaises conditions. Mais enfin, il y a un terme à tout, et l'espèce pourrait succomber, sans le secours des papillons tant redoutés.

Une fois qu'ils se sont introduits entre ces rayons vieillis par le temps et par l'usage, remplis de pollen pour l'ordinaire, ils ont bientôt forcé les abeilles à fuir une demeure devenue inhabitable, car elle est tendue de réseaux de soie inextricables pour elles, et bientôt il ne reste plus un seul rayon qui n'en soit tapissé. Ensuite, l'odeur des excréments de ces chenilles est tellement insupportable aux abeilles qu'il leur devient impossible d'y résister plus longtemps.

Au reste, ce qui a sauvé les abeilles de cette imminente destruction, soit à l'état sauvage, soit à celui de demi-domesticité où nous les tenons, c'est la loi impérieuse qui les oblige à émigrer périodiquement. C'est par les essaims que l'espèce se conserve dans les proportions voulues par le Créateur, proportions calculées avec tant de précision par rapport aux fleurs dans le calice desquelles elles doivent pénétrer, qu'une taille plus forte leur interdirait l'entrée de plusieurs d'entre elles, et qu'une taille plus petite les laisserait presque sans défense contre leurs ennemis.

Pour en revenir à nos chenilles, nommées ordinairement fausses teignes, ce n'est pas encore là le seul service qu'elles rendent aux abeilles.

Je me sers à dessein du mot *service*, car je n'en vois pas qui réponde aussi bien à ma pensée. Comment cette vieille cire serait-elle détruite dans les cavités qui servent de demeure aux abeilles, si la galéria ne l'anéantissait pas?

Voilà donc peu à peu ces rares cavités envahies par de vieux ouvrages que les abeilles ne peuvent plus renouveler et dont aucun animal ne fait sa pâture. Mais survient la galéria; elle dévore tout, elle fait maison nette de tous ces vieux édifices; à son tour, lorsqu'elle a acquis un certain développement, ou lorsque, devenue papillon, elle apparaît sous cette nouvelle forme, les mésanges, les piverts et beaucoup d'autres oiseaux qui en sont très-friands, l'attrapent au sortir du trou, pénètrent dans son domicile, et, comme il ne reste que quelques débris de cire et un léger réseau de soie, le tout s'affaisse promptement sous le poids des oiseaux, qui souvent y établissent leur demeure pendant l'hiver. C'est ainsi que l'année d'ensuite cette cavité se trouve de nouveau en état de recevoir l'essaim qui cherche un logement. N'est-ce donc pas là un véritable service? chasser l'abeille du trou où sa race allait se rapetissant, s'anéantissant, et le lui rendre un an ou deux après, très-convenablement disposé pour y établir de nouveau sa famille?

Avant de terminer ce qui concerne la fausse teigne, je dois relever une erreur très-grave où sont tombés la plupart des auteurs qui en ont parlé. Dernièrement encore, j'ai lu, dans un ouvrage qui vient de paraître et qui est appuyé de hautes approbations, que la galéria vivait uniquement de cire : ce fait manque d'exactitude. La fausse teigne s'établit de préférence sur les rayons qui contiennent du pollen : ce n'est que faute d'en trouver qu'elle mange de la cire. Cela est si vrai que dans les ruches qui en sont infestées on trouve le fond tout couvert des débris de cire qu'elle a rejetés. La galéria traverse les rayons à la recherche du pollen, sans toucher autrement à la cire que pour en tailler des parcelles dans lesquelles elle s'enveloppe comme dans une retraite inaccessible. L'unique raison qui fait qu'elle attaque de préférence les vieilles ruches, c'est qu'elles contiennent, pour l'ordinaire, beaucoup plus de pollen que celles de l'année.

Par curiosité, j'ai élevé plusieurs centaines de ces mêmes chenilles, et voici, entres autre faits que j'ai observés, une chose qui m'a paru très-singulière. Lorsqu'on trouble ces insectes dans la paisible possession de la demeure soyeuse qu'ils se sont créée, ils s'en éloignent au plus vite pour ne plus jamais y revenir, et, quel que soit à ce moment leur âge, ils se filent une coque dont ils ne sortent plus. Cette coque est-elle appuyée contre un corps dur, les chenilles s'y tiennent tranquilles; si par contre elles peuvent le ronger, elles s'y creusent presque une cavité. Au reste, celles qui ont atteint leur développement ordinaire subissent bientôt leur métamorphose, deviennent chrysalides, puis, le moment venu, sortent à l'état parfait. Celles qui n'ont que la moitié ou le quart de la grandeur voulue passent l'été, l'automne et l'hiver sous leur forme de chenille. J'en ai retiré de très-petites qui s'étaient filé une coque aux dépens de la couverture de mes livres ; elles étaient toutes ridées, mais très-vives encore.

Cette énorme différence de grosseur explique l'erreur que quelques auteurs ont propagée, qu'il y avait plusieurs espèces de *galeria cerella*. Il existe cependant une variété plus petite, que les naturalistes nomment *galvearia ;* mais on ne ne la trouve que dans les provinces méridionales.

DEUXIÈME PARTIE

EMPLACEMENT DU RUCHER

CHAPITRE PREMIER

Un rucher ombragé.

Avant de songer à élever des abeilles, il est prudent de s'assurer si l'on possède un endroit convenable à l'établissement d'un rucher.

On a cru pendant bien longtemps, et bien des personnes croient encore que les abeilles ne sauraient prospérer qu'aux expositions les plus chaudes; en conséquence, elles ont besoin de placer leurs ruches à l'ardeur du soleil.

C'est une coutume absurbe, tout à fait contraire aux habitudes des abeilles à l'état de liberté; d'où l'on peut inférer, sans crainte de se tromper, qu'elle est également contraire à leur bien-être.

Et d'abord, quels sont les lieux où l'on trouve ordinairement des essaims sauvages? C'est presque toujours dans les forêts; les abeilles s'y logent dans les cavités de vieux arbres qui ne reçoivent les chauds rayons du soleil qu'après s'être dépouillés de leur feuillage ; et encore ces rayons n'y parviennent-ils que tamisés à travers les branches et à une époque de l'année où ils sont pâles et sans force. Il n'est donc pas naturel d'exposer les abeilles à une chaleur qu'elles évitent lorsqu'elles sont livrées à elles-mêmes.

Un rucher ombragé.

Voyons maintenant si l'expérience est d'accord avec ce que l'instinct merveilleux de ces insectes nous enseigne. Je ne puis mieux convaincre mes lecteurs qu'en leur rapportant quelques faits à l'appui de mes observations.

Un riche propriétaire, M. Sarrazin, convaincu des avantages qu'on pouvait retirer de l'apiculture par des soins bien entendus, s'était empressé de réaliser les idées dont je lui avais fait part précédemment au sujet de l'emplacement le plus favorable aux ruches; il avait, en conséquence, su profiter heureusement d'une allée couverte qui s'étendait en serpentant le long d'une petite prairie. Les ruches avaient été disposées sous les arbres, de manière à être abritées de la pluie et garanties du vent. On avait eu soin de tourner l'ouverture du côté de la prairie, de sorte que les abeilles, qui cherchent la lumière, s'élançaient toujours du côté opposé à l'allée, dont l'obscurité comparative formait comme une barrière entre elles et les promeneurs. On pouvait donc librement circuler et s'avancer jusque tout auprès des ruches, sans avoir rien à redouter de la part des abeilles. Étant allé un jour lui rendre visite dans sa belle terre, située près de la forêt d'Orléans, il me conduisit aussitôt vers son rucher, afin de me prouver qu'il avait mis en pratique les préceptes que la nature indique si clairement et sans lesquels il n'y pas de succès possible.

On était alors au commencement du mois d'avril ; mais les belles et chaudes journées de mars n'avaient pas eu de durée; le temps était redevenu froid et pluvieux; la végétation s'était arrêtée et la nature entière semblait de nouveau enveloppée dans les tristes brumes de novembre. Ce n'était guère le temps de visiter les pauvres abeilles : car, parmi celles qui osaient sortir, trompées par un pâle rayon de soleil glissant entre deux nuages, plusieurs devenaient les victimes de cette imprudence; elles arrivaient de leurs courses aventureuses à la recherche des fleurs, et, tout engourdies par le froid, elles tombaient sans avoir la force de reprendre leur vol. C'est, au reste, ce qui arrive aux ruches qu'on expose dans les situations les plus chaudes. Un rayon de soleil suffit pour inviter les abeilles à sortir; mais, dès qu'il disparaît derrière de sombres nuées, on les voit revenir au logis en toute hâte, et, saisies par le froid, tomber par milliers autour de leur demeure.

Ne voulant pas les déranger inutilement, nous nous contentâmes de comparer entre elles les ruches qui offraient le plus d'animation, cherchant à deviner d'avance celles qui seraient les premières à essaimer. Cette revue terminée, nous rentrâmes à la maison, où M. Sarrazin apprit qu'un étranger demandait à lui parler.

« Priez-le d'entrer, répondit-il aussitôt.

— Votre urbanité est trop connue, dit l'étranger au maître de la maison, pour que j'aie besoin d'excuser ma démarche auprès de vous. Je viens d'acquérir une petite propriété dans votre voisinage et je compte exercer tous les droits ainsi que les devoirs d'un bon propriétaire. J'ai déjà projeté bien des améliorations, et, à cet effet, je me suis procuré tous les ouvrages qu'on m'a assurés être indispensables pour le nouveau genre de vie que je veux suivre dorénavant. J'ai lu, il y a quelques années, un traité de l'éducation des abeilles qui m'a fort intéressé, et je me suis dit que, si jamais je parvenais à réaliser le rêve de toute ma vie, je voulais aussi me livrer à une industrie que l'auteur du livre dont je parle a su rendre si attrayante. Or, voici le moment venu, et malgré les indications et les conseils de l'auteur, je n'ai pas encore osé tenter l'expérience. J'ai bien cherché et trouvé des ruches qu'on m'offre à un prix très-modéré, je le crois du moins ; mais, en vérité, quand le marchand m'a dit, en soulevant un de ses paniers : « Voyez, monsieur, « combien il y a de mouches dans cette ruche ; tenez, pesez-la, » les abeilles, loin de rester douces et paisibles comme on me l'avait assuré, se sont jetées sur moi avec fureur, et j'ai dû me sauver pour éviter leurs piqûres. Cette circonstance m'avait un peu dégoûté de l'apiculture ; mais j'ai appris que vous-même, monsieur, aimez et cultivez les abeilles, ce qui a ranimé mon désir d'en élever. Persuadé dès-lors que j'avais abandonné trop légèrement mon projet, je me suis flatté que vous auriez l'obligeance de me donner quelques instructions pratiques sur ce sujet, vous dont le but est d'encourager les progrès de cette industrie.

— Très-certainement, monsieur, répondit M. Sarrazin, je me ferai un vrai plaisir de vous aider autant que mes affaires et mes devoirs me le permettront. Aujourd'hui même, si vous le désirez, je suis entièrement libre; et, comme le temps est froid et couvert, par conséquent très-favorable pour visiter les ruches sans trop s'exposer aux piqûres des abeilles, nous pourrons aller voir celles que vous aviez l'intention d'acheter. Voulez-vous être de la partie, mon cher ami?

— Avec plaisir, répondis-je.

— Eh bien! partons. »

Dans un instant la voiture fut prête, et, une demi-heure après, nous descendions devant une petite maison située à l'extrémité du village de X....

CHAPITRE II

Du choix des ruches.

Le marchand d'abeilles était auprès de ses ruches, fort occupé à examiner une vieille ruche presque vide. Aussitôt qu'il s'aperçut de notre arrivée, il remit précipitamment la ruche à sa place et vint au-devant de nous d'un air empressé.

« Ah ! vous voilà revenu, monsieur Duroseau, s'écria-t-il joyeusement; puis, reconnaissant M. Sarrazin, il ajouta : Cette fois, vous ne craindrez pas d'être attrappé, car voilà ce monsieur qui en sait long sur les mouches. Il pourra vous dire que mes paniers sont fameux, tout de même ! »

M. Sarrazin sourit, car il avait reconnu d'un coup d'œil que, parmi les quinze ou vingt ruches qui se trouvaient disposées sur deux rangs et garnissaient le petit jardin, celles du premier rang donnaient seules quelques signes de prospérité.

« Voyons, mon brave homme, dit-il au marchand, quelles sont les ruches que vous avez offertes à M. Duroseau ?

— Ce sont celles-ci, répliqua ce dernier.

— Oh! dit le marchand, mes paniers sont tous à la disposition des acheteurs. Pourvu qu'on m'en paye le prix, je ne tiens pas à vendre les uns plutôt que les autres.

— C'est bien, mon ami, lui répondit M. Sarrazin. Dans ce cas, nous choisirons. En général, les ruches qui coûtent le moins sont souvent les plus chères.

— Mais aussi, s'empressa de dire le marchand, je vous vendrai les autres en conséquence. »

M. Sarrazin lui dit de les soulever l'une après l'autre aussi doucement que possible, afin de ne pas irriter les abeilles. Le marchand n'osa pas répéter la ruse qu'il avait employée précédemment. Il s'y prit avec tant d'adresse que pas une abeille ne se détacha du groupe. On eut ainsi toute facilité pour examiner l'intérieur de chaque ruche. M. Sarrazin faisait ses observations tout haut, et, chaque ruche visitée, l'un de nous prenait note de l'état où elle se trouvait et la marquait d'un signe.

« En voici une en bien mauvais état, s'écria M. Sarrazin. La population en est très-faible et composée presque entièrement de vieilles abeilles.

— Comment peut-on connaître si elles sont vieilles ou non? demanda M. Duroseau.

— En les examinant avec attention, reprit M. Sarrazin; on reconnaît aisément les vieilles à leurs ailes frangées, déchiquetées. Vues à travers un verre grossissant, on remarque qu'elles ont perdu presque tous les poils dont le corps des jeunes est revêtu, ce qui leur donne une apparence sèche, luisante et noirâtre, désagréable à l'œil. Examinez cette population, elle présente au plus haut degré tous les signes de la caducité. »

Le marchand paraissait assez mécontent. M. Duroseau s'en aperçut.

« Mon bon ami, lui dit-il, laissez-nous examiner vos ruches tout à notre aise et je vous promets de ne pas vous chicaner sur le prix. J'en prendrai six comme nous en étions convenus d'abord.

— Puisque cela vous amuse, regardez, messieurs, tant que cela vous fera plaisir, » répliqua le vieux marchand, alléché par l'espoir d'une bonne vente.

Je n'avais encore rien dit ; je regardais attentivement quelques abeilles qui se promenaient d'un air inquiet sur le bord de la ruche. Tout à coup, j'en saisis une délicatement par les ailes, et l'ayant placée dans une petite boîte à double fond en verre, espèce de microscope portatif au moyen duquel on pouvait discerner parfaitement l'organisation des insectes renfermés entre ses parois transparentes, je la présentai à M. Duroseau en lui disant :

« Regardez, je vous prie, cette abeille.

— Oh! qu'a-t-elle donc sur le dos? s'écria-t-il; c'est comme une bosse énorme. Y a-t-il des abeilles bossues? Mais cette bosse change de place. Mon Dieu! c'est un petit monstre vivant qui s'accroche aux poils de la pauvre abeille. Ah! quelle horrible petite créature armée de pinces comme des tenailles....

— C'est un pou d'abeille, répliquai-je. Il n'y a

guère que les toutes vieilles ruches qui soient infestées de cette vermine, et celle-ci a toutes les apparences de vétusté possibles. M. Sarrazin vous a montré à quels signes on reconnaît l'âge des abeilles. On distingue également bien l'ancienneté de la ruche. La cire qui touche aux traverses et celle qui sert d'attache aux rayons est presque noire, les cellules sont sensiblement plus petites que d'ordinaire. Les parois intérieures sont couvertes d'une espèce de vernis noir comme du goudron; c'est un mélange de cire et de propolis. Enfin les abeilles sont plus faibles, plus petites, et souvent couvertes de poux. Une ruche donnant tous ces signes de caducité doit être rejetée par tout acheteur tant soit peu intelligent.

— Je m'étonne, s'écria M. Sarrazin, qu'un honnête marchand comme vous ayez mis en vente dé pareilles ruches. »

Le marchand ainsi interpellé répondit qu'achetant en bloc des ruchers entiers, il fallait bien qu'il écoulât ses marchandises.

« Nous avons tant de peine à gagner notre pauvre vie, ajouta-t-il, qu'il serait injuste d'exiger de nous le sacrifice des quelques paniers par trop vieux ou faibles. »

Une seconde ruche fut examinée; elle n'était pas très-peuplée, mais on remarquait dans ses gâteaux ou rayons un air de propreté, les abeilles en étaient si vives, elles paraissaient si fraîches et d'une si belle nuance d'un brun doré, que M. Sarrazin dit aussitôt :

« Celle-ci n'est pas très-lourde, sa population est faible ; mais c'est, je crois, une excellente ruche.

— Je le crois bien, c'est un essaim de l'an dernier, » dit le marchand.

La troisième était, par contre, extrêmement peuplée, mais aussi très-légère. M. Sarrazin en fit la remarque.

« Dame, elle a été taillée un peu trop juste ; les mouches n'ont pas eu le temps de remplacer le miel et la cire qu'on leur a pris. Ce serait, néanmoins, une excellente acquisition.

— Oui, si la saison devient promptement favorable ; sinon, ces pauvres abeilles risquent de mourir de faim ou de dyssenterie. »

Une quatrième présentait un aspect morne qui me frappa vivement. Voulant m'assurer si mes soupçons étaient justes, je donnai deux petits coups sur les bords de la ruche.

« Que faites-vous, monsieur? s'écria M. Duroseau tout effrayé de cette témérité.

— Ne craignez rien, répondis-je en riant. Voyez... Et je répétai un peu plus fort mon expérience.... Les abeilles ne bougent pas ; elles se contentent de faire entendre un bourdonnement vague, qui annonce plutôt du mécontentement que de la colère. C'est qu'elles ont perdu leur reine, et avec elle tout espoir et tout courage.

— C'est donc ça, dit le marchand ; elles ne vont pas même aux pâturages quand il fait beau et se contentent de s'amuser autour de la ruche, sans songer comme les autres à amasser des provisions.

— Qu'en feraient-elles ? repris-je ; sans reine, elles n'ont plus d'espoir de continuer la famille. C'est l'entière dissolution de leur société. A quoi leur servirait d'amasser des richesses ?

— Et pourtant, c'était une de mes meilleures ruches, dit le paysan. Quand on l'a rognée l'an dernier, elle était la plus forte et la plus lourde de toutes. Tenez, pesez-la vous-même et vous verrez si je mens, dit-il en s'adressant à M. Sarrazin qu'il regardait comme le personnage le plus important, comme celui qui devait décider de l'acquisition et qu'il fallait se rendre favorable. Vous verrez que je ne me trompe guère en disant qu'elle pèse encore près de trente livres.

On procéda ainsi à la visite des dix-sept ruches.

M. Sarrazin s'était pourvu, selon son habitude lorsqu'il s'agissait d'acheter des ruches, d'un bâton de cire à cacheter et d'un cachet, ce qui surprit M. Duroseau, mais non le marchand. Quand on eut fait choix de six des plus belles ruches et que le prix eut été librement débattu, M. Sarrazin n'ayant pas permis que l'acheteur s'en rapportât entièrement au vendeur, on apposa le cachet sur les ruches choisies, et le marchand s'engagea à les rendre en bon état au lieu désigné.

CHAPITRE III

Du choix d'une situation. — Exposition en plein midi.

« Je ne sais, en vérité, comment reconnaître votre extrême obligeance, dit à M. Sarrazin le nouvel apiculteur, dès que nous fûmes sortis de la maison du marchand ; et cependant....

— Vous seriez bien aise de m'emmener avec vous pour vous aider à choisir un emplacement favorable; n'est-ce pas ce que vous alliez me dire?

— J'hésitais à vous en prier.

— Quelle route doit-on prendre pour aller directement chez vous? dit gracieusement M. Sarrazin, qui n'aimait pas à obliger à demi.

— Je demeure tout près d'ici, à moins d'une petite lieue. En allant tout droit, on y serait en un quart d'heure.

— Ah! tant pis pour vos abeilles, reprit M. Sarrazin.

— Pourquoi cela?

— Eh! parce qu'elles viendront en grand nombre mourir à leur ancienne place. Mais enfin, comment s'appelle votre terre?

— Rivebelle.

— Oh! alors c'est de l'autre côté de la Loire?

— Précisément.

— Puisqu'il en est ainsi, monsieur n'a pas à craindre l'émigration de ses abeilles, dis-je ; la Loire est très-large en cet endroit et les abeilles franchissent rarement une grande étendue d'eau, à moins qu'elles ne soient réunies en essaims. On a prétendu jadis qu'elles allaient butiner à plusieurs lieues de distance; mais de récentes observations ont démontré que les abeilles ne s'éloignent pas au delà d'un rayon qu'on peut fixer à une demi-lieue pour l'ordinaire et à une lieue lorsque les circonstances l'exigent absolument. »

La charmante habitation de M. Duroseau se trouvait peu éloignée de la Loire, et le fleuve, qui était en effet très-large, devait offrir une barrière presque infranchissable aux abeilles.

Rivebelle méritait sous tous les rapports d'être nommée ainsi. Située sur le penchant d'une colline dont les ondulations gracieuses s'étendaient à perte de vue, abritée des vents du nord par les grands arbres du parc, qui probablement avaient été plantés jadis dans ce but par un des anciens seigneurs de l'endroit, la nouvelle et jolie habitation était comme environnée des restes de l'ancienne demeure dont elle portait le nom. Un grand mur coupé çà et là par des ouvertures béantes où croissaient des ronces et des herbes sauvages; une vieille tour isolée servant de logement au jardinier et à sa famille, voilà tout ce qui restait de l'ancien manoir.

Ces ruines avaient été respectées, non par vénération pour leur âge, mais parce qu'on n'avait pas eu besoin de matériaux, et, que plus tard, la mode des ruines ayant pris faveur, on en était venu à admirer celles-là.

« La propriété de M. Duroseau est on ne peut mieux située pour la culture des abeilles, dit M. Sarrazin après un moment d'examen. D'un côté, des prairies qui s'étendent au loin ; de l'autre, des champs entremêlés de cultures variées, toutes favorables aux abeilles : œillette, colza, sainfoin, trèfle, luzerne, et probablement blé noir à l'arrière saison. Tout autour, de vastes jardins remplis d'arbres fruitiers, d'arbres et arbustes d'ornement. Sur la hauteur, une petite forêt. Oh ! monsieur Duroseau, si les abeilles ne prospèrent pas sur votre domaine, on pourra dire avec justice que c'est par votre faute, car la situation est peut-être la plus avantageuse de la contrée. »

M. Duroseau parut enchanté des éloges donnés à sa nouvelle demeure. Il nous conduisit partout et nous montra l'endroit où il avait projeté d'établir son rucher. C'était une espèce de petit jardin enclos de murs élevés, qui servait de pépinière au jardinier pour y élever les plantes destinées à l'ornement des jardins. En été, la chaleur devait y être étouffante, car il n'y avait pas d'ombrage ; aussi il en profitait pour y cultiver des melons, des tomates et autres fruits qui exigent une haute température.

« N'est-ce pas là un endroit très-favorable aux abeilles? dit M. Duroseau ; elles y seront parfaitement tranquilles, et le soleil, Dieu merci, ne leur fera pas faute... Hé! Jean, dites à ces messieurs s'il fait bon ici dès que le soleil brille. »

Le jardinier avait suivi les visiteurs avec cette curiosité inquiète et jalouse assez ordinaire parmi les gens de service qui cherchent à accaparer les bonnes grâces d'un nouveau maître. Il était toujours là, comme si ses occupations eussent exigé sa présence partout où nous nous arrêtions. Il avait compris qu'il était question d'abeilles, et, charmé d'être interpellé, il voulut montrer ses profondes connaissances en apiculture.

« Ah! dame, s'il fait chaud ici? c'est comme dans un four, en été surtout. Aussi, il faut voir comme les mouches profitent dans ce petit jardinet. Elles travaillent que c'est un charme de les entendre, même pendant la nuit.

— Il y a donc déjà eu des abeilles dans cet endroit? demanda M. Sarrazin.

— Oui, monsieur, et de fameux paniers encore, je vous en réponds.

— Elles y prospéraient, dites-vous?

— Comment donc!... Elles y multipliaient, elles y donnaient des jetons comme vous n'en avez jamais vus. Dès que le soleil donnait, on les entendait ronfler comme la machine à filer de la fabrique voisine. Figurez-vous, monsieur, il n'y avait d'abord que sept paniers; il y a trois ans de cela. Eh bien! l'année suivante, ils ont donné dix-sept jetons, sans compter ceux qui se sont sauvés et qu'on n'a pu rattraper, car c'était à en devenir fou. L'un sortait dès que le soleil se faisait sentir, et à peine avait-on le temps de le rappeler qu'un autre était déjà en l'air. Quelquefois deux ou trois sortaient en même temps et se mêlaient ensemble de manière à former une boule deux fois grosse comme ma tête. »

M. Duroseau était transporté de plaisir en entendant répéter pour la cinquième ou sixième fois ce récit.

« Oh! dit-il, vous pouvez ajouter une foi entière aux assertions de mon jardinier ; il n'a jamais varié dans ses récits, ce qui prouve la fidélité de sa mémoire.

— Je n'en doute nullement, répliqua M. Sarrazin. Puis s'adressant à l'homme véridique : A combien, lui dit-il, s'élevait la récolte du miel dans les bonnes années, comme celles que vous venez de citer?

— Dame, cette année-là, répondit Jean en se grattant la tête, cette année-là, les mouches avaient jeté si souvent, qu'elles n'ont pas eu le temps d'amasser grand'chose ; le miel a été même assez rare partout.

— Votre rucher était du moins très-peuplé, puisqu'aux sept ruches mères vous avez pu ajouter dix-sept essaims?

— J'ai dit qu'elles avaient jeté dix-sept fois, et plus même. Mais les derniers jetons ne valaient rien ; ils n'étaient pas plus gros que le poing. Plusieurs se sont sauvés après avoir fait un ou deux couteaux ; d'autres sont morts de faim avant l'hiver ; ce que voyant, nous avons réuni les plus faibles paniers ensemble.

— Et enfin, demanda M. Sarrazin, combien vous resta-t-il de ruches à la fin de l'hiver suivant?

— Hélas! monsieur, on en comptait neuf vers la fin de mars. Pour tout dire, puisque cela vous intéresse tant, trois de ces neuf ont péri juste au moment où les fleurs commençaient à donner.

— Voilà qui est bien fâcheux, s'écria M. Duroseau. Pourquoi ne m'avez-vous pas dit cela plus tôt? Comment, de sept ruches, arriver dans une saison à vingt-quatre, pour retomber à moins de sept! mais c'est à prendre les abeilles en dégoût à tout jamais.

— Dame, monsieur, c'est comme cela avec les mouches. Une année, ça va que c'est un charme; puis il n'en reste quelquefois pas plus que sur la main. »

Je ne pus m'empêcher de sourire en voyant la mine allongée de M. Duroseau.

« Eh bien, lui dis-je, regardez-vous toujours cette place comme favorable aux abeilles?

— Je vois bien que non, monsieur, répondit-il d'un air consterné, et je commence à craindre qu'il n'y ait dans toute ma propriété aucune place qui puisse plaire aux abeilles. »

Le jardinier riait sous cape de l'effet que ses révélations avaient produit sur son maître. Il avait secondé la passion de M. Duroseau de tout son pouvoir et lui avait à dessein vanté la miraculeuse production des essaims, sans l'exagérer pourtant; mais il s'était bstenu de mentionner les désastres survenus plus tard ans le rucher. Voyant ensuite qu'au lieu de le charger e l'achat des ruches et des soins à leur donner, il avait référé s'adresser à des étrangers, son intérêt et son rgueil blessés lui conseillèrent de montrer les tristes onséquences de cette spéculation.

Cependant M. Sarrazin, qui était très-habile dans 'art de découvrir les ruses que les gens de la campagne mettent souvent en œuvre avec une adresse incroyable, se fit un malin plaisir de déjouer celle de maître Jean.

« Il paraît que vous vous entendez à soigner les abeilles? lui dit-il.

— Eh! eh! nous les connaissons tout de même, ces petites bêtes, quoique nous n'ayons jamais lu de livres imprimés comme notre maître, monsieur.

— En avez-vous gardé ailleurs qu'ici?

— Oui, monsieur, quand j'étais chez nous.

— Et dans quelle partie du pays?

— Ah! pas loin d'ici; tout près de la forêt; à Ervilly.

— Vos abeilles produisaient-elles beaucoup?

— Dans les bonnes années, elles donnaient jusqu'à vingt livres de miel par panier, sans compter la cire.

— Et en essaims?

— Ah! pas tant qu'ici, s'en faut bien. Les meilleurs paniers donnaient un ou deux essaims, rarement trois; et les autres, pas du tout.

— Mais je connais l'endroit dont vous parlez; il

est au nord de la forêt, et le soleil n'y brille guère.

— C'est vrai, monsieur. Cependant mon père disait que, puisque les mouches vivent, se multiplient et amassent de grandes provisions de miel dans les vieux arbres que le soleil ne réchauffe jamais, elles devaient faire de même dans les paniers. Il disait encore qu'il valait mieux n'avoir qu'un essaim et l'avair bon, que d'en avoir un grand nombre; que les paniers qui jetaient trop n'amassaient rien.

— Votre père était un homme de bon sens. Pourquoi donc aviez-vous placé les ruches dont vous nous avez conté la triste fin dans un lieu où le soleil brûle la terre et dessèche les plantes?

— Que voulez-vous? Les messieurs sont impatients; ils voudraient chaque année doubler, tripler le nombre de leurs paniers. Nous autres paysans, nous savons nous contenter de peu. Et puis, nous aimons mieux une bonne récolte en miel, qui vaut de l'argent comptant, que des jetons qui crèvent souvent sans rien produire.

— Dites-moi, je vous prie, vous qui m'avez l'air d'un homme plein d'intelligence, si vous étiez le maître de cette propriété, mettriez-vous vos abeilles dans le jardinet? »

Le jardinier ne savait que répondre. M. Sarrazin prit à part M. Duroseau : « Vous voyez, lui dit-il, qu'il ne faudrait pas trop presser votre maître Jean pour le faire convenir que cette exposition est des plus défavorables à la prospérité des abeilles. Ne soyez donc pas surpris si celles qui s'y trouvaient précé demment ont été si cruellement décimées. Maître Jean, au reste, n'a fait que suivre les errements de presque tous les apiculteurs, qui s'imaginent communément que les abeilles doivent être exposées en plein midi ; j'en connais même qui ont renoncé à l'idée d'en élever, par la seule raison qu'ils ne croyaient pas pouvoir trouver d'emplacement assez chaud pour elles. Aussi, qu'arrive-t-il? Ordinairement, les amateurs se dégoûtent pour toujours en voyant leurs ruches s'épuiser inutilement, et ceux qui en avaient espéré du profit abandonnent une culture ingrate, qui ne répond presque jamais à leurs calculs. Vous aurez plus d'une occasion de vous convaincre par vous-même de l'exactitude de mes observations. Il serait donc à peu près inutile de m'arrêter plus longtemps sur ce sujet ; cependant je veux vous énumérer les principaux inconvénients qui résultent d'une exposition trop chaude.

« J'admets en principe que la chaleur favorise prodigieusement la reproduction ; mais, dès que la saison des essaims est passée, les ruches, épuisées par ces fréquentes émigrations, ne contiennent plus assez d'ouvrières pour le service de la mère-ruche. Ce service devient même chaque jour plus pénible ; chaque jour il naît des centaines de larves qu'il faut nourrir, et, comme il n'y a plus guère de miel ni de pollen dans les magasins, il faut à la fois pourvoir aux besoins présents et aux besoins à venir. Si les fleurs étaient toujours abondantes, si la chaleur, en desséchant leur suc et en tarissant la rosée, ne venait pas diminuer notablement la quantité de miel que les abeilles pourraient encore récolter sur celles qui croissent dans les lieux ombragés, le mal ne serait pas sans remède. Mais, pour l'ordinaire, il n'en est pas ainsi. Outre les travaux qui sont de toutes les saisons, les abeilles doivent encore se pourvoir d'eau, et c'est là un service dangereux pour leur sûreté personnelle, une véritable perte de temps à une époque où il est si précieux pour elles; c'est, par conséquent, une cause de plus à ajouter à celles qui doivent nous engager à éviter les expositions chaudes. Ce que je dis des mères-ruches, s'applique à plus forte raison aux essaims.

— Je comprends cela à merveille, dit M. Duroseau. Mon jardinier a parlé de travail et vous ne l'avez pas démenti; dites-moi donc si en effet les abeilles sont plus occupées dans une exposition comme celle de mon petit jardin, par exemple, que dans les lieux situés au nord ou du moins ombragés.

— Je le ferai avec plaisir, répondit M. Sarrazin; mais voilà mon ami qui voudra bien joindre ses propres observations aux miennes, ce qui leur donnera peut-être plus d'autorité.

— M. Sarrazin vous a démontré, dis-je alors, que la chaleur favorise la production des essaims; c'est un fait irréfutable. La reine, excitée par une température élevée, semble devenir plus féconde encore; elle pond sans interruption, et ses œufs, développés plus rapidement par la même cause, deviennent promptement de petites larves qui sont autant de bouches affamées qu'il faut nourrir et soigner. Or, tandis qu'une partie des abeilles est employée à cette besogne, l'autre travaille ; mais ce travail, quoique très-fatigant et surtout très-bruyant, n'est d'aucun profit ni pour elles ni pour nous. »

Il y a d'ailleurs plusieurs motifs également puissants, qui militent en faveur d'une exposition tempérée. On a vu que si l'extrême chaleur favorise la multiplication des abeilles au delà de notre intérêt bien entendu, les vapeurs, fortement aromatisées, qui s'élèvent d'une ruche exposée au grand soleil, attirent de fort loin leurs plus dangereux ennemis. Le sphinx tête de mort n'en veut, il est vrai, qu'à leur provision de miel, mais il n'en est pas moins redoutable pour elles, ainsi que nous le verrons plus tard.

Le phalène, dont la chenille est nommée communément fausse-teigne, qui vit aux dépens de la cire et surtout du pollen, pénètre de préférence dans les ruches exposées à l'ardeur du soleil. Les abeilles, occupées à combattre les effets de la chaleur, ne s'aperçoivent point de son introduction ; il peut y pondre en toute liberté, et sa nombreuse progéniture, qui s'y développe rapidement, devient une cause de ruine pour la population tout entière.

Les guêpes aussi, attirées de fort loin par l'odeur du miel, arrivent parfois en si grand nombre que les abeilles ne savent plus comment résister à leur invasion.

CHAPITRE IV

Emplacement convenable pour les abeilles.

Pendant ces explications, on avait erré du parterre au bosquet, puis on était arrivé devant une pièce de gazon plantée çà et là d'arbustes et de jeunes arbres fruitiers.

« Oh ! voilà une position qui me paraît admirable pour les abeilles, m'écriai-je en apercevant tout à coup un endroit délicieux recouvert de gazon. C'est comme un petit verger où les ruches se trouveront abritées de l'ardeur du soleil, et, voici au pied de la vieille tourelle, une petite pièce d'eau. Ce bois de tilleuls et d'acacias qui domine de ce côté doit arrêter l'impétuosité des vents, et, en face, cette échappée entre deux collines semble faite à dessein pour servir de grand'route aux abeilles.

— Ces prairies, dit M. Duroseau, et ces champs que vous entrevoyez entre ces deux collines font partie de mon domaine. Il y avait jadis, dans cette gorge étroite que vous venez de désigner comme devant servir de grand'route aux abeilles, un bois de frênes qu'un des propriétaires de l'ancien château a fait couper dans le but d'ouvrir un point de vue. En effet, du haut de la vieille tour, on découvre une vaste étendue de pays et une partie du cours de la Loire.

— Cette position est admirable en effet, ajouta M. Sarrazin. En vérité, on chercherait bien loin sans rencontrer un lieu plus convenable pour y établir un rucher. Protégées par ces grands arbres et cette tourelle contre les orages; abreuvées par ce charmant petit lac; ayant un chemin pour ainsi dire tout tracé qui les conduira dans les champs et les prairies; si vos abeilles ne s'y plaisent pas, si elles n'y prospèrent pas, certes, on pourra en toute justice s'en prendre à la mauvaise direction de leur propriétaire!... Seulement, dès que le marchand vous apportera ses paniers, faites-les placer à quelques pas de distance l'un de l'autre, au pied de ces charmants arbustes, et bornez-vous, pour le moment, à les déposer sur un petit plancher élevé de quelques décimètres au-dessus du sol. Vous aurez soin de tourner l'ouverture qui sert de porte aux abeilles du côté opposé au sentier, afin de pouvoir en approcher sans passer devant elles, ce qui les met souvent en colère.

— Mais je n'ai pas du tout l'intention de laisser les abeilles dans ces affreux paniers, dit M. Duroseau ; je veux, au contraire, les faire passer tout de suite dans des ruches qu'on doit m'envoyer de Paris.

— Quelles sont ces ruches? demandais-je.

— Elles sont de trois modèles différents; je les ai

remarquées à l'exposition. Leurs auteurs ont obtenu des médailles d'argent et de bronze. Elles sont toutes à cadres mobiles, les unes en bois, ornées de vitraux pour voir travailler les abeilles, et s'ouvrant par un des côtés, tandis que les autres s'ouvrent par la partie supérieure; il y en a aussi en paille, mais admirablement bien faites.

Ruche anglaise[1]

— Vous auriez cependant grand tort de changer vos abeilles de ruches dans ce moment, dit M. Sarrazin.

[1] C'est le nom sous lequel cette ruche a figuré à l'exposition de Londres; nous en donnons le modèle exact.

— Pourquoi, je vous prie? je me faisais une fête de peupler ces belles ruches.

— Parce que ce serait sacrifier le couvain, et, par conséquent, tout espoir d'avoir des essaims cette année, répliqua M. Sarrazin. Et non-seulement vous n'auriez pas d'essaims, mais vous risqueriez de compromettre vos ruches en opérant une mutation sans nécessité.

— Que dois-je donc faire? car il est impossible de mettre ces vilains paniers dans l'endroit le plus apparent de mon jardin.

— Mon cher monsieur, dis-je à mon tour, quand on veut se livrer à l'élève des abeilles, il faut savoir attendre et ne faire les choses qu'en temps opportun. D'ailleurs, d'ici à un mois, six semaines au plus, vous pourrez loger vos propres essaims dans vos belles ruches. En attendant, mettez les autres dans les places les moins en vue.

— C'est ce que je ferai, » répliqua-t-il en nous reconduisant jusqu'à la voiture.

Nous prîmes alors congé de notre apiculteur, en lui promettant de revenir le voir lorsque ses nouvelles ruches seraient arrivées.

CHAPITRE V

Pour les abeilles mieux vaut trop d'ombre que trop de soleil.

A peine avions-nous fait la moitié du chemin que nous aperçûmes devant la petite auberge du *Cheval-Blanc* une carriole recouverte d'une toile, comme celles dont on se sert pour transporter les abeilles dans ce pays.

Nous entrâmes ; nous ne pouvions arriver plus à propos.

« Ah ! c'est vous, monsieur Sarrazin, s'écria l'aubergiste d'une voix forte et joyeuse ; vous êtes toujours le bienvenu ; mais aujourd'hui, on peut bien dire que votre passage ici est une bonne fortune pour nous.

— Comment cela ?

— Nous sommes en discussion, mon frère et moi, au sujet des mouches que notre oncle Samuel nous a laissées, et vous qui êtes aussi juste que bon et instruit, vous allez nous mettre d'accord.

— Oui, oui, dit un gros homme frais et robuste. Mon frère a raison.

— Je vais vous expliquer en deux mots ce dont il s'agit. Mon frère voudrait vendre les mouches et s'oppose à ce que nous les descendions de la voiture ; car, dit-il, il n'y a d'autre place ici qu'un petit jardinet derrière ce bouquet d'arbres, là-bas ; or, elles n'y auraient pas assez de soleil ; il n'y donne qu'une partie de la matinée. Moi, je voudrais qu'on les mît là, à cette place, de l'autre côté de la route. Le soleil y donne en plein toute la journée.

— Oui, cela serait prudent, de mettre des mouches là où des bestiaux passent sans cesse, à un jet de pierre de la route, sans qu'il y ait seulement un buisson pour les abriter ! Et les accidents donc, les comptes-tu pour rien ?

— Les accidents ! en arrive-t-il au père Benoît !

— Pas encore ; mais ce sera une fois ou l'autre.

— On ne saurait prendre trop de précautions, dit M. Sarrazin ; il n'y a pas d'année que les journaux ne fassent mention de cruels accidents. On cite parmi les victimes de la fureur des abeilles des enfants et même des hommes. L'an dernier, un attelage de chevaux a été assailli par ces insectes, et deux chevaux sur trois sont morts des suites de leurs piqûres.

— Tu vois bien ; monsieur parle exactement comme moi ! Il y a souvent ici, devant l'auberge, une véritable confusion de rouliers, de chars, de chevaux et de bestiaux de toute espèce, et parmi ceux-ci il y en a qui s'échappent, qui sautent par-dessus le fossé, et alors tout le troupeau les suit, hommes et chiens.

— Eh bien! on les vendra ces mouches; qu'il n'en soit plus question.

— Oui; mais pas avant que M. Sarrazin ait prononcé entre nous; il n'a pas encore vu le jardinet. »

M. Sarrazin visita le petit jardin qui, en effet, ne répondait pas du tout à l'idée qu'on se fait communément d'un endroit favorable à la culture des abeilles. Il était dominé par les grands peupliers qui bordaient la route, et le soleil ne pouvait y avoir accès que le matin de bonne heure et le soir. Après un examen consciencieux, M. Sarrazin dit aux deux frères : « Votre intention, en gardant les abeilles, est-elle de chercher à augmenter le nombre de vos ruches, ou bien préférez-vous en retirer d'abondantes récoltes?...

— Oh! nous ne cherchons pas à en multiplier la race; c'est bien assez d'une douzaine de paniers. Quant au miel, c'est différent : si nous pouvons en ramasser beaucoup, ce sera bien pour le mieux. »

L'autre frère exprima le même désir.

« Dans ce cas, mes bons amis, ce petit jardin, quoique privé en partie des rayons du soleil, est suffisant pour remplir le but que vous vous proposez; il est même possible que vous y ayez quelques essaims, mais ce n'est pas là-dessus que vous devez compter. Quant à la récolte du miel, je vous la garantis des plus abondantes, car le pays aux environs me semble très-favorable aux abeilles. »

Les deux frères parurent également enchantés de cette assurance.

Cependant je n'avais pas suivi mon ami pendant sa visite au petit jardin ; j'étais entré dans la salle de l'auberge par curiosité, et j'y restais par intérêt pour un bon vieillard qu'on tourmentait au sujet des abeilles.

Ce brave homme avait hérité, lui aussi, de quelques ruches, et, par suite d'une superstition assez générale, il aurait voulu les garder ; car il était persuadé qu'on ne pouvait vendre celles qui provenaient d'essaims trouvés ou d'héritage sans s'attirer les plus grands malheurs. Or, comme cela arrive ordinairement, plus il marquait de répugnance à se défaire de ses abeilles, plus aussi on mettait d'insistance à l'y engager. « Où les logeriez-vous? lui disait-on ; vous n'avez ni champs, ni prés, ni jardins ; une pauvre petite maison où vous vivez seul : il n'y a pas moyen d'y placer vos paniers. Profitez donc de l'occasion : puisque les frères Boutron gardent les leurs, et qu'ils veulent bien acheter vos trois paniers, donnez-les tout de suite. »

Mais ces raisonnements ne pouvaient rien contre la crainte superstitieuse qui agitait ce pauvre vieillard. Il résistait donc à toutes les offres et se tenait tristement accoudé sur une table.

Ayant appris le sujet de son chagrin, je lui dis: « N'avez-vous donc pas un seul petit coin dont vous puissiez disposer, mon brave homme ?

— Hélas! non, mon bon monsieur ; ma maison est en effet bien petite et, outre ma chambre à coucher qui sert de cuisine et le cellier, je n'ai qu'une étroite petite cour. Ce n'est même qu'une terrasse et un grenier.

— Mais cette cour est-elle commune à d'autres personnes ?

— Oh ! non, monsieur ; je suis seul et maître chez moi. Elle est même bien gentillette cette cour ; il y a des rosiers et une treille.

— Est-ce loin d'ici ?

— Tout à côté. »

Touché de la tristesse du vieillard, et voulant saisir cette occasion de prouver que les abeilles s'accommodent très-bien d'une terrasse et même d'un grenier, j'étais allé voir la demeure de Jérôme. Un coup d'œil jeté sur la petite cour m'avait convaincu que rien ne s'opposait à ce que l'on y établît quelques ruches, et j'avais, en conséquence, fortement encouragé le père Jérôme à y placer celles dont il avait hérité. Je lui promis de le venir voir quelquefois pendant mon séjour dans la contrée, et en attendant je lui donnai tous les conseils que je croyais propres à faire prospérer ses abeilles.

Dès qu'on sut que le père Jérôme se proposait de garder ses *paniers*, on se mit à rire et à plaisanter. L'un disait : « Eh ! père Jérôme, c'est donc sur votre rosier que vos mouches feront leur provision de miel ?... — Non, il leur laissera manger ses raisins. — Oh ! reprenait un troisième, ses paniers ne seront pas gras ; ses mouches risquent bien de mourir de faim avant peu, et voilà ce qu'il aura gagné à les garder. »

Je n'eus pas l'air d'entendre ces propos ; mais bientôt, me mêlant à la conversation, je demandai au plus ardent diseur de bons mots : « Avez-vous aussi des abeilles, monsieur ?

— Certes, et de belles et bonnes mouches encore. J'ai cinq paniers superbes. Mais ils sont dans un joli jardin où se trouve une bordure de lavande, et autour de mon jardin il y a de très-beaux arbres fruitiers. Ah ! quand ils sont en fleurs, au printemps, il faut voir comme mes abeilles se réjouissent ; c'est un bourdonnement à ne pas s'entendre !...

— Oh ! je vous crois, » lui dis-je en souriant de son emphase. Je repris d'un air très-sérieux : « Dites-moi, je vous prie, si vous avez remarqué que vos abeilles sortissent de l'enceinte de votre jardin...

— Si elles en sortent ? je le crois pardi bien ! On les voit filer par-dessus les murs et se disperser au loin dans les champs ; elles vont, je parie, à plus d'un mille d'ici. La preuve de cela, c'est que, l'an dernier, un de mes jetons a filé plus loin que cela encore ; il s'est logé dans un vieux noyer, de l'autre côté du village. Et ce n'est pas à dire que j'ai pris les mouches d'un autre pour les miennes, car je les avais suivies, comme cela se pratique chez nous, avec le chaudron, ne cessant de taper que les mouches ne se soient posées. Ainsi c'étaient bien mes mouches.

— Je ne conteste point cela ; mais, puisque vos abeilles peuvent voler si loin, puisqu'elles peuvent aller dans les champs chercher leur nourriture à plus d'un mille de leur demeure, pourquoi celles du père

Jérôme, qui n'ont pas les ailes coupées et qui sont probablement aussi courageuses que les vôtres, n'iraient-elles pas butiner dans les jardins et les prairies qui environnent sa maison ? »

Les paysans se regardèrent entre eux sans répondre à cette question.

Je serrai alors cordialement la main du vieillard, et lui dis d'avoir bon courage pour ses abeilles, qui ne risquaient nullement de mourir de faim dans sa petite cour.

CHAPITRE VI

Des ruchers couverts. — De l'usage des ventilateurs et des baromètres.

Il y a des contrées où l'usage des ruchers couverts est si bien établi, que l'on taxerait d'imprudence celui qui laisserait ses ruches sans abri ; tandis que dans d'autres pays les ruchers couverts sont regardés non-seulement comme un luxe superflu, mais comme peu favorables à la culture des abeilles. Entre ces deux systèmes opposés, on ne doit conclure qu'une chose, c'est que les abeilles peuvent se plaire et prospérer dans les positions les plus diverses.

Il serait impossible, par exemple, d'exiger de ceux qui cultivent les abeilles en grand, qui ont des centaines de ruches, de les placer sous des hangars, ni même à l'abri d'un mur. Cependant les apiculteurs qui peuvent profiter des avantages d'un abri quelconque s'en trouveront toujours bien, s'ils savent s'en servir non pour exposer leurs ruches à toute l'ardeur du soleil à son midi, mais au contraire pour les préserver tout à la fois et des vents glacés du nord et des rayons du soleil, qui ne doivent jamais les frapper trop longtemps de suite.

Il faut autant que possible ne jamais placer ses ruches par rangs, l'une au-devant de l'autre, comme cela se pratique dans bien des endroits ; car on expose les abeilles au pillage, et on a remarqué que les rangs inférieurs nuisent aux rangs supérieurs, même lorsqu'on place les ruches en échiquier. Lorsqu'une fois le pillage s'est établi dans un rucher disposé de cette manière, il est fort difficile de l'arrêter, et souvent la ruine entière du rucher en est la conséquence. Ce ne sera donc que faute d'espace suffisant qu'on devra réunir ainsi un grand nombre de ruches, car il y a toujours avantage à les disséminer. On m'objectera peut-être que la garde des essaims est plus aisée lorsqu'on a toutes ses ruches pour ainsi dire sous la main, et cela est vrai ; mais on rencontre aussi un très-grave inconvénient, celui des essaims qui se joignent dans les airs et qu'il faut une certaine habileté pour séparer ensuite. Or, cet inconvénient devient presque redoutable, lorsque quelques centaines de ruches se trouvent ainsi réunies.

Les personnes qui ne possèdent qu'un nombre de ruches limité pourront faire usage d'un mur artificiel, à défaut d'un mur placé convenablement.

Voici ce qu'on entend par là.

On élève un mur en briques sur champ, ou simplement une cloison en bois, en ayant soin de ménager des ouvertures de distance en distance sur un ou plusieurs rangs, suivant le nombre des ruches et l'étendue du mur. Mais ce n'est point pour disposer les ruches comme d'habitude, sur le devant du mur. On les mettra au contraire à l'abri du soleil, l'entrée contre l'ouverture ménagée dans le mur, et on aura soin d'interdire toute autre sortie aux abeilles. Cette sortie sera disposée comme celle d'un colombier, ayant une planchette en dehors pour servir de promenoir aux abeilles et pour recevoir celles qui arrivent des champs.

Par cette disposition, on peut toujours visiter les ruches sans danger d'être piqué ; car ce qui irrite particulièrement les abeilles, c'est qu'on passe ou qu'on se tienne devant l'entrée de leur demeure.

Les personnes qui sont curieuses de voir les mouvements de la ruche pourront ménager une petite croisée d'où elles examineront sans crainte, et dans la saison des essaims il sera très-facile de se saisir de la reine, qui avant de prendre son essor se promène toujours pendant quelques instants à l'entrée de sa demeure. Dans cette circonstance les abeilles ne sont d'ailleurs pas méchantes ; on peut s'emparer de la reine très-aisément, même sans gants? mais il faut la saisir délicatement par les ailes ; car, si on la prenait autrement, on pourrait la blesser dangereusement.

A l'abri d'un mur ainsi disposé, on pourra, on devra préférer l'exposition du sud-est, et même celle du plein midi.

Mes ruches ont ordinairement un petit vitrage du côté opposé à l'entrée ; cette disposition est commode, elle ne dérange nullement les abeilles, et on peut l'adapter à toutes les formes de ruches connues. Il suffit de placer un morceau de drap noir ou de couleur obscure pour intercepter la lumière du jour.

Un grand nombre de personnes qui possèdent toutes les commodités nécessaires pour cultiver les abeilles renoncent aux avantages de leur position, dans la crainte que leurs enfants ne deviennent victimes des piqûres auxquelles ils s'exposeraient par leur imprudence. En plaçant leurs ruches dans le jardin ou dans la cour, et en établissant la sortie des abeilles de l'autre côté du mur de clôture, il n'y aurait rien à redouter.

Plusieurs auteurs ont cru apporter une heureuse modification aux ruches en y ménageant des ouvertures défendues par une plaque de tôle percée de petits trous, ou bien par une toile métallique. C'est ce qu'ils ont nommé des ventilateurs.

MM. Nutt et Canuel ont particulièrement insisté sur l'utilité d'une telle disposition. Ce qui a pu justifier en quelque sorte cette innovation, c'est la funeste habitude de placer les ruches dans les lieux où la chaleur est la plus accablante. On comprend que dans de semblables circonstances il y ait nécessité de procurer aux abeilles le plus d'air possible. Mais, je ne saurais trop le répéter, si l'on veut les cultiver avec succès, il faut autant que possible adopter la marche qu'elles suivent dans l'état de parfaite liberté. Or, j'ai parcouru les bois à la recherche des essaims qui s'étaient logés dans des troncs creusés par l'âge, et je puis dire n'avoir pas vu deux populations sur cent habiter dans des arbres frappés directement par les rayons du soleil.

L'usage des ventilateurs me paraît donc tout à fait superflu, si l'on suit les conseils que j'ai donnés en parlant de l'exposition du rucher.

Il en est de même à l'égard du thermomètre, indispensable selon la méthode de M. Nutt ; je crois que on usage est plus qu'inutile. Il est d'ailleurs embarassant dans la pratique, sans offrir aucun avantage notable à l'apiculteur lors même qu'il se servirait des ruches les plus compliquées.

TROISIÈME PARTIE

VARIÉTES DE RUCHES

CHAPITRE PREMIER

Grande variété dans la forme des ruches. La ruche primitive.

L'élève des abeilles remonte à la plus haute antiquité ; mais ce n'est guère que depuis un siècle que l'on a imaginé de construire des ruches de formes plus ou moins bizarres, dans le but d'obtenir une récolte de miel plus abondante, ou d'en faciliter l'extraction, ou bien encore de prévenir l'essaimage naturel.

En cherchant à domestiquer les abeilles, on s'est écarté des simples indications de la nature, on a mis des entraves à leurs travaux, on leur a créé des besoins, et on a ainsi modifié leur instinct d'une manière fâcheuse. Pour s'en convaincre, il suffit de comparer les abeilles élevées d'après certaines méthodes et dans l'espèce de contrainte qu'on a essayé de leur imposer, avec celles que l'on a abandonnées pour ainsi dire à elles-mêmes. Celles-ci sont vives et trèsindustrieuses ; leur architecture a conservé cette parfaite régularité, cette inimitable perfection qui frappe l'homme le plus indifférent. Les autres, au contraire, sont devenues paresseuses ; elles ont pris goût au pillage et sont sujettes à une infinité de maladies dont la nomenclature prend de jour en jour des proportions effrayantes. Les auteurs modernes, qui sont en partie la cause de cette décadence, sont obligés de consacrer bien des pages à la description de ces maladies, la plupart sans remède.

Il est heureusement bien faible, le nombre des méthodes qui exercent une si fâcheuse influence sur la santé et l'industrie des abeilles. Mais, au milieu de cette recrudescence d'inventions, il est nécessaire de retracer les principaux caractères des systèmes en usage aujourd'hui, afin de guider autant que possible le choix des apiculteurs novices et de les tenir en garde contre des erreurs qui pourraient avoir des conséquences déplorables pour l'avenir de leurs ruchers.

Le nombre des méthodes d'apiculture est, ainsi que je l'ai dit, considérable ; il tend chaque jour à s'augmenter encore, ce que nous devons déplorer, car le résultat le plus certain de ce grand nombre de systèmes est de jeter une véritable confusion dans l'esprit des apiculteurs : or, de la confusion au dégoût, il n'y a qu'un pas.... Chaque méthode entraînant avec elle un changement inévitable dans la construction des ruches, il en est résulté les formes les plus bizarres qu'il soit possible d'imaginer. On en voit de rondes, de carrées, de triangulaires, d'octogones, de simples, de composées. Les unes imitent un tronc d'arbre debout; d'autres le représentent couché; il en est qui se composent de plusieurs caisses les unes sur les autres ou bien à côté des autres. Plusieurs ressemblent à de petites maisons dont la forme varie à l'infini; il en existe aussi qui s'ouvrent comme des tiroirs. Les plus simples affectent la forme d'un cylindre ou d'une cloche.

Le bois, l'osier, la paille, le jonc, la terre, le marbre même et le verre, et dernièrement une simple toile, tout a servi de matière à ces édifices que l'imagination de l'homme a inventés pour servir de demeure à l'insecte qui recueille pour lui le nectar des fleurs.

L'ingrate abeille, peu sensible à nos efforts pour lui plaire, préfère souvent le vieux chêne pourri, le creux d'un rocher couvert de mousse, où elle espère jouir en paix du fruit de son travail, aux somptueuses demeures que nous lui avons préparées.

Loin de se plaire dans les palais sculptés, à portes et à croisées en verre, elle y languit, tandis que souvent, dans de misérables chaumières de paille, à moitié ensevelies dans la terre, couvertes de mauvaises herbes, la prospérité, l'abondance semblent la dédommager de l'oubli où on la laisse.

Frappés de ces résultats, des hommes instruits se sont appliqués à connaître ses besoins, à étudier sa vie intérieure, et plusieurs d'entre eux ont consacré leurs talents, leur existence entière à pénétrer les mystères dont cet insecte aime à s'envelopper.

On peut donc diviser en trois classes les observateurs qui nous ont laissé par écrit le fruit de leurs laborieuses recherches. Je placerai au premier rang les hommes de science qui se sont occupés de l'histoire naturelle des abeilles, tels que Réaumur, Bonnet, Schirach, Maraldi, Riemer, etc. En nous dévoilant ce qui se passe dans une ruche, ils nous ont facilité les moyens de soigner les abeilles.

D'autres se sont préoccupés uniquement de l'économie domestique, et n'ont considéré les abeilles que comme un produit à exploiter.

Enfin, parmi un petit nombre d'observateurs qui ont cru devoir joindre les deux branches, et qui ont été à la fois d'habiles observateurs et d'utiles exploitateurs, Hubert de Genève mérite sous tous les rapports la première place : c'est un hommage que personne n'oserait lui refuser.

Parmi ceux qui n'ont songé qu'au profit que l'on peut retirer des abeilles, il faut citer M. Lombard, qui s'est fait connaître avantageusement par ses leçons et ses ouvrages. Doué d'une persévérance digne d'éloge, il s'est dévoué pendant trente-cinq ans à la culture des abeilles dans le seul espoir d'être utile. Sa méthode et sa ruche laissent bien à désirer; mais au temps où il écrivait sa méthode et où il la pratiquait, il pouvait passer justement pour le plus habile apiculteur de son époque.

La plus ancienne de toutes les ruches est bien certainement le tronc même de l'arbre où l'essaim sauvage s'était logé. Le transporter auprès de sa demeure pour se l'approprier, y ménager une ouverture afin de pouvoir sans trop de difficulté s'emparer des provisions que l'abeille y avait déposées, voilà probablement la première forme de ruche, la première méthode d'exploitation dont l'homme ait fait usage. Puis, voyant combien il était plus commode d'avoir tout à fait dans sa dépendance l'insecte qui produit le miel, le premier apiculteur aura imaginé de creuser lui-même des troncs d'arbres pour y loger ses essaims.

Cette méthode primitive est encore en usage dans bien des contrées; elle est employée en Russie, en Suède, en Finlande, et même, sans aller si loin, on la retrouve, dans quelques provinces du midi de la France, dans toute sa simplicité.

Ce tronc informe, lourd et incommode, a donné lieu sans doute à des essais plus ou moins ingénieux, et de là sont nées ces ruches d'une pièce imitant un cône, puis en forme de cloche, dont la matière a varié suivant les contrées.

Ce même tronc d'arbre, placé horizontalement, a certainement fait naître la première idée des ruches Madecasses, dont l'abbé Bienaimé et, plus tard, le général Canuel nous ont laissé le modèle.

La ruche en cloche, qu'elle soit faite d'osier, de jonc ou de paille, a remplacé la première, à mesure que les forêts disparaissaient du sol de la France. On remarque la ruche des Landes, ayant à peu près la forme d'un pain de sucre; celles de la Savoie, de la Suisse et des départements qui avoisinent ces contrées, imitant une demi-sphère, et celles du centre de la France, qui sont fort grandes et ont un étranglement dans le milieu ; cette disposition donne à la partie supérieure de la ruche une espèce de tête, tandis que le bas est très-évasé.

Cette dernière forme de ruche a été imaginée pour indiquer au cultivateur ce qu'il doit laisser aux abeilles ; car, en dépouillant les ruches à étranglement, l'opérateur ne remonte jamais plus haut que le col de la ruche, laissant ainsi aux abeilles tout ce que renferme la tête ou chapiteau.

Quelles que soient sa forme et sa capacité, la ruche en cloche d'une pièce est encore aujourd'hui la plus chère aux gens de la campagne et presque la seule qui soit généralement employée.

La première modification apportée à cette ruche a été imaginée par M. Lombard. Cet apiculteur distingué ayant, comme beaucoup d'autres, été frappé des graves inconvénients de la ruche d'une pièce, et voyant, d'un autre côté, combien il était difficile de la dépopulariser, chercha à en faciliter l'exploitation au moyen d'une calotte mobile, à laquelle il donna le nom de couvercle, ne modifiant, du reste, que fort peu le corps de la ruche. Nous décrirons donc d'abord la méthode de M. Lombard et les ruches qui en dérivent.

CHAPITRE II

La ruche villageoise. — Perfectionnements de M. Radouan. — La ruche Ducouëdic.

L'art d'élever les abeilles doit beaucoup à M. Lombard, non qu'il ait fait faire de grands progrès à l'apiculture, mais parce qu'il a simplifié l'opération du transvasement des abeilles (que M. Frémiet désigne plus justement par le mot de *transmutation* ou *mutation*) et la forme des ruches, que divers auteurs avaient trop compliquée.

Sa ruche ressemble extérieurement à la ruche en cloche; mais elle est aussi large du haut que du bas; elle est formée de deux pièces, le corps de la ruche et le couvercle, et elle est posée sur un plateau : le corps doit avoir $0^m,35$ d'élévation et $0^m,32$ dans œuvre, et le couvercle, qui est bombé, doit avoir $0^m,12$ d'élévation. Les deux parties sont séparées par une planchette légère dans œuvre, bien à fleur du corps de la ruche, afin que les rayons ne descendent pas plus bas que le bord inférieur du couvercle. Cette planchette doit être percée de trous, de manière à permettre aux abeilles de circuler librement du haut en bas, le long des parois de la ruche. « En pratiquant ma ruche villageoise, dit Lombard, j'ai reconnu qu'elle était excellente pour y loger de gros essaims, qui pouvaient, au moment où ils y étaient logés, remplir le couvercle : ce qui me donnait, dans un seul

Ruche villageoise.

couvercle, des récoltes superbes, pesant de 6 à 7 kilogrammes de beau miel. Mais les essaims médiocres ne me donnaient rien ou peu de chose. Je soupçonnai d'abord que la capacité du couvercle et du haut de la ruche étaient trop vastes pour eux, et bientôt je reconnus que plusieurs de ces essaims ne travaillaient que dans une partie de la ruche ou du couvercle, laissant nécessairement un grand vide autour d'eux. »

Cet exposé prouve jusqu'à l'évidence que M. Lombard accueillait tous les essaims, même les plus faibles, ne se préoccupant que d'augmenter le nombre de ses ruches : spéculation fort mal entendue, ainsi que je le démontrerai lorsqu'il sera question des essaims.

M. Lombard, pour remédier aux inconvénients de sa ruche, adopte, pour les petits essaims, la ruche des Landes, dont la forme conique est à peu près celle d'un pain de sucre ; il la divise en deux parties, d'après le même système, donnant de 0^m10 à 0^m12 d'élévation au couvercle, sur une élévation totale de 50 centimètres. Ce qui l'engagea à essayer cette forme de ruche, ce fut le désir de conserver tous les essaims, même les plus faibles, qui trouvent dans le haut de la ruche un espace suffisamment resserré pour en remplir la capacité sans déperdition de calorique.

Voici la manière de récolter le miel dans les ruches villageoises : M. Lombard conseille d'attendre que la saison des fleurs soit à peu près terminée, c'est-à-dire à la fin d'août et pendant le mois de septembre. La veille du jour fixé pour cette opération, on passe un fil de fer entre le couvercle et le corps de la ruche, en rasant la planchette. On juge bien que cette opération doit coûter la vie à un grand nombre d'abeilles, et qu'on peut même atteindre la reine. Le lendemain, on se fait une petite atmosphère de fumée ; après avoir frappé trois ou quatre coups sur le corps de ruche pour y attirer la reine, on enlève le couvercle, et, après l'avoir remplacé par un autre de même dimension, on l'emporte dans un lieu obscur, où l'on achève de se débarrasser des abeilles qui se sont obstinées à y rester.

M. Lombard recommande une autre récolte comme donnant des résultats sûrs et très-avantageux : c'est d'enlever toute la cire que les abeilles ne recouvrent pas. Ce n'est, comme on voit, qu'une simple récolte de cire. Elle doit se faire pendant les derniers jours qui précèdent la saison des fleurs, c'est-à-dire au mois de février; mais on a dû y renoncer, car on s'est aperçu qu'elle retardait le départ des essaims.

La cause de ce retard est bien simple : c'est pendant les mois de février et de mars que les abeilles sont le plus occupées à des travaux de toutes sortes, et c'est en même temps l'époque où elles se trouvent en plus petit nombre. L'enlèvement de la cire doit donc les contrarier beaucoup, la construction des alvéoles exigeant un temps considérable. En faisant cette récolte inopportune, on oblige les abeilles à travailler en cire, alors qu'elles pourraient se livrer à l'éducation des larves, ou profiter de l'abondance des fleurs pour s'approvisionner de miel. Le tort que l'on fait aux abeilles est donc bien supérieur à l'avantage qu'on peut retirer de quelques onces de cire. Mais il est une raison plus impérieuse encore qui doit faire rejeter sans balancer cette absurde coutume.

Le retour des fleurs développe extrêmement la fécondité de la reine. Stimulée par le pollen nouveau, elle pond un nombre d'œufs réellement prodigieux, qu'on peut hardiment évaluer à deux et même trois cents par jour. Pendant que les abeilles abandonnent la récolte du miel pour s'occuper de la construction de nouveaux édifices, la reine, qui ne peut retarder sa ponte, est forcée, faute de cellules prêtes à recevoir les œufs, à en déposer deux ou trois dans le même alvéole; j'en ai compté même jusqu'à six, un à chaque angle. Que deviennent ces œufs? Le premier qui a été pondu éclôt naturellement avant les autres, et les abeilles, qui savent que chaque cellule ne peut contenir qu'une larve, emportent et mangent aussitôt les œufs surnuméraires. Voilà donc, grâce à l'ignorance du propriétaire, la grande fécondité de la reine annulée : fécondité bien précieuse à une époque où les abeilles ont tant de pertes à réparer, tant de travaux à exécuter. Et pourtant, M. Lombard savait mieux que personne de quelle importance est le couvain pour les abeilles, surtout à cette époque de l'année; mais il s'est laissé séduire par deux motifs également puissants, que cependant il applique mal à propos dans cette circonstance : le premier, c'est le désir d'éviter le rétrécissement des alvéoles, cause de ruine pour les abeilles, ainsi que je l'ai déjà dit; le second, c'est cette considération, que, dans les Landes seulement, cette récolte produit un bénéfice net de 5 à 600,000 francs. Quant à moi, je crois que rien ne peut contre-balancer les inconvénients que j'ai signalés.

J'ajouterai encore une nouvelle raison à l'appui de

mon opinion : c'est au printemps que les fleurs sont en plus grande abondance ; tout le monde sait cela ; mais ce que semblent ignorer ceux qui récoltent le miel en février et en mars, c'est qu'il provient des fleurs de l'arrière-saison. Or, il est certain que les fleurs de cette époque de l'année donnent un miel moins aromatique et de qualité bien inférieure à celles qui éclosent sous l'influence d'un soleil de printemps ou d'été. J'ai démontré que les ruches dont la population est faible ne peuvent songer à s'approvisionner avant d'avoir réparé leurs pertes. En enlevant la cire au printemps, on se prive nécessairement du produit des fleurs les plus suaves et les plus aromatiques. C'est particulièrement dans les provinces qui se rapprochent de la Savoie et de la Suisse, et dans ces deux pays, que cet usage détestable est pratiqué. Aussi, malgré l'abondance des fleurs, les essaims y sont tardifs et si faibles en population que les ruches en usage dans les campagnes sont d'un tiers et même de moitié plus petites que celles dont on se sert dans les départements du centre.

On voit, par ce que je viens de dire, combien la coutume de tailler les ruches au printemps, soit pour récolter du miel, soit pour s'emparer simplement de quelques rayons de cire, est contraire aux vrais intérêts de l'apiculture.

Ne touchez donc pas aux abeilles à l'époque de leurs grands travaux ; ne rendez pas la prodigieuse fécondité de la reine inutile, si vous voulez avoir de forts essaims printaniers. M. Lombard sentait parfaitement la vérité de ce précepte; comment a-t-il pu s'en écarter si souvent?

Comme la ruche villageoise est en paille et fort simple, elle est certainement plus commode pour la récolte que la ruche d'une pièce. Mais aussi elle est sujette à bien des inconvénients : d'abord la planchette

Ruche suisse.

force les abeilles à se diviser, ce qui leur est absolument contraire ; de plus, elle demande une surveillance dont les habitants de la campagne ne sont ordinairement pas capables. Le corps de ruche qui sert uniquement à la multiplication n'offre guère plus de facilité pour la dépouille que les ruches en cloche.

M. Lombard conseille de prendre les groupes d'abeilles qui pendent sur le tablier des ruches fortes pour en grossir les petits essaims. Toutes les fois que j'ai voulu opérer des mélanges de ce genre, j'ai provoqué une espèce de confusion, et presque toujours le pillage s'en est suivi, ou bien les nouvelles venues s'en sont retournées chez elles, emportant le plus de provisions possible et emmenant souvent l'essaim faible avec elles. C'est ce qui peut arriver de plus heureux.

Frappé des inconvénients de la ruche Lombard, M. Radouan a imaginé une ruche dans laquelle il substitue à la planchette un petit grillage en bois. Ce changement est fort avantageux pour les abeilles, qui de cette façon ne sont pas séparées; il ne gêne en rien la récolte et détruit les objections que l'on faisait contre les ruches à séparation. M. Radouan ne s'en est pas tenu à cette amélioration : il a divisé le corps de la ruche en plusieurs parties, de sorte qu'elle réunit tous les avantages des ruches à hausses sans en avoir les inconvénients. En résumé, la ruche villageoise, perfectionnée par M. Radouan, est très-commode, et sa méthode très-simple. Le prix de revient n'en est pas élevé; on peut même en fabriquer dans les moments perdus, ce qui diminue beaucoup les frais d'exploitation.

Comme la ruche de M. Radouan rentre dans le système des ruches à hausses, je ne puis résister au plaisir de citer l'opinion d'un brave cultivateur sur la plus extravagante des ruches à hausses, celle de M. Ducouëdic, dont l'ouvrage sur les abeilles, rempli des plus graves erreurs, a pourtant obtenu d'honorables attestations.

« Lorsque je restai maître de la ferme, me dit un jour un fermier du Berry, j'y trouvai plusieurs livres d'apiculture que mon père avait tenus cachés ; car il disait que les messieurs qui les avaient écrits n'y entendaient rien, et il n'avait pas tout à fait tort. Parmi eux, j'en découvris un sur les abeilles qui avait causé bien du tintouin à mon pauvre père : il était d'un M. Ducouëdic, qui n'y entendait rien. Ainsi il dit : « Tant que le bourdon existe et qu'il butine « à la manière des abeilles sur les fleurs et sur les « plantes, les substances dont il se nourrit se forment « en miel comme chez les abeilles[1]. »

« Avez-vous jamais rien entendu de pareil? Envoyer les bourdons à la récolte, où a-t-il jamais vu cela? Mais ce n'est pas tout : son ouvrage commence par un certificat du maire de sa commune, signé d'un grand nombre d'autres personnes aussi instruites, qui constate qu'une ruche, n'ayant que des œufs à la fin de juin et au commencement de juillet, est devenue par la seule chaleur du soleil, qui a fait éclore les œufs, et sans le secours d'une seule abeille, dès le 2 août suivant, c'est-à-dire en un mois de temps environ, la plus forte des ruches. Or, voici le système de M. Ducouëdic sur la reproduction :

« La reine pond un œuf qu'elle colle au fond d'un

[1] Page 34 de la 2e édition.

« alvéole... Aussitôt que l'œuf a été fécondé par les « bourdons, les abeilles scellent d'une pellicule de « cire l'alvéole qui contient cet œuf... Cet individu « à naître restera dans cette espèce de tombeau pen- « dant l'automne et l'hiver, et ce n'est qu'au retour « de la chaleur de l'atmosphère, jointe à celle de « l'intérieur de la ruche, que l'œuf fermentera et « produira un ver qui se forme par sa propre essence « une robe dont il s'enveloppe, devient une nymphe, « et enfin une jeune abeille, qui rompt la pellicule « qui avait été mise sur l'œuf, et rejoint ses compa- « gnes. Il ne faut donc à cet insecte ni nourrices, ni « becquées, ni pâtées, quoi qu'en disent les savants « modernes, MM. Huber, Bosc et Lombard[1]. »

« Avons-nous donc un si grand tort de ne pas accepter tout ce qu'on nous envoie sur l'agriculture? J'ai vu des livres du même genre sur l'art d'élever les bestiaux, de semer le blé et les pommes de terre, et sur tant d'autres choses! Un fermier qui les prendrait au sérieux serait bientôt ruiné, je vous en réponds.

— Vous avez raison d'être un peu défiant, mon bon Petitchamps, répondis-je en riant. Ce que je trouve mal de la part des gens de la campagne, c'est l'obstination avec laquelle ils repoussent les choses les plus utiles, même après les avoir vu pratiquer avec succès.

— Eh! c'est assez vrai; nous sommes obstinés. Mais que voulez-vous? on nous trompe si souvent!... »

[1] Pages 17, 254-421.

CHAPITRE III

Ruche écossaise, dite ruche à hausses.
Ruches à séparation horizontale.

M. Warembey a ressuscité, sous le nom de ruche française, l'ancienne ruche écossaise, tant vantée jadis par ceux qui ont voulu l'introduire en France.

Cette forme de ruche, composée de tiroirs superposés auxquels on a donné le nom de *hausses*, a été fort en vogue en Écosse vers la fin du dix-septième siècle.

Le fond est en dessus ; elle est garnie d'ouvertures sur les côtés pour le passage des abeilles et recouverte par une planchette de même diamètre, maintenue par des barres.

Les hausses tiennent ensemble au moyen de crochets en fer, ou même d'attaches en osier. On fixe ces attaches au même point à toutes les hausses, pour pouvoir les changer de place ou les mettre d'une ruche à une autre. Toutes les hausses doivent être de même dimension pour toutes les ruches d'un rucher.

Il est fort à craindre que M. Warembey n'échoue

dans sa tentative, car c'est déjà en vain que ses prédécesseurs ont essayé de populariser cette sorte de ruche. M. Gélieu père, pasteur en Suisse, lui ayant fait subir quelques modifications, voulut l'exploiter en France par privilége du roi, sous le cardinal de Fleury, et après lui, Duchet, de Mussac, de Bois-

Ruche écossaise.

Jougan, Palteau, Beaunier, Ravenel, Cuingien, Baville, Mahogani, Caignard, Vinsel et d'autres encore, car la liste est longue. La ruche à hausses offre en théorie tant d'avantages, que cette forme par division a séduit un grand nombre d'auteurs ; mais jusqu'à présent elle n'a été adoptée que par un petit nombre d'amateurs. Les divisions qui en font tout le mérite sont précisément l'obstacle le plus insurmontable au bien-être des abeilles.

Je dois peut-être mentionner ici la ruche de M. Serain ; ses tiroirs ne sont pas superposés, mais placés les uns à côté des autres, et sont percés de quelques trous pour que les abeilles puissent communiquer ensemble. Cette disposition a tous les défauts des ruches à hausses, dessus plat, isolement des groupes d'abeilles, etc., sans que rien compense le changement de place des tiroirs.

Je suis donc très-fâché de ne pouvoir me ranger de son avis sur l'utilité pratique de la ruche à hausses, telle qu'il l'a décrit. En fait de ruches à hausses, je ne reconnais de praticables que les excellentes ruches de M. Radouan. Les abeilles y jouissent de tous les avantages des ruches d'une pièce, et l'apiculteur peut aussi facilement s'emparer d'une ou de plusieurs hausses qu'en se servant de la ruche française.

M. Gélien fils est l'auteur du genre de ruches à séparation, qui depuis a été perfectionné par MM. Bosc, Féburier, etc., et dernièrement par M. Château [1].

Telle que M. Gélien l'avait faite, elle consistait en une grande boîte en bois, de forme carrée, sciée par le milieu; les deux parties étaient séparées par une cloison fort mince qui ne laissait d'autre communication entre elles que quelques millimètres dans le bas de la cloison. On voit que cette cloison mettait obstacle à la réunion des abeilles en un seul groupe; elle les forçait à abandonner une partie de la ruche pendant la saison froide, ce qui favorisait l'introduc-

[1] M. Château a obtenu une médaille de bronze à l'exposition de 1849.

tion des animaux ou insectes nuisibles. De plus, sa partie supérieure était plate, ce qui est, on ne saurait trop le répéter, tout à fait contraire à la santé des abeilles.

M. Féburier l'a modifiée assez heureusement; sa ruche est plus large du bas que du haut et un des côtés est moins élevé que l'autre, en sorte que le dessus forme un toit légèrement incliné.

La porte se trouve divisée en deux par la coupe de la ruche; la cloison qui séparait les deux moitiés a été complétement retranchée; alors, pour pouvoir les disjoindre commodément, il s'est vu forcé de placer d'avance des portions de gâteaux pour diriger le travail des abeilles.

Je ne puis mieux faire que de citer ici l'opinion de M. Radouan, que je partage entièrement, car elle est le résultat du plus judicieux examen.

« Cette ruche, dit-il, est très-commode pour faire des essaims artificiels par séparation : il suffit de la diviser en deux et d'ajouter à chaque partie une demi-ruche vide; mais je crois cette grande facilité bien funeste, car M. Féburier, étant occupé une moitié de la bonne saison à forcer ses ruches à essaimer, paraît être obligé d'employer l'autre à les nourrir avec du miel, des sirops, etc. Il me semble leur donner beaucoup plus qu'il n'en retire, et c'est là une suite inséparable de ses divisions.

« M. Féburier conseille, pour forcer les abeilles à convertir le miel en cire, d'enlever successivement les rayons du centre; cette méthode est aussi pernicieuse que les essaims forcés ; car ces rayons contiennent du couvain, au moins à l'état d'œufs ou de vers, et du pollen nouveau, qui sont perdus. Les abeilles sont détournées de leurs occupations favorites et ordinaires, qui sont la récolte du miel et l'éducation du couvain. Il ne peut, au surplus, jamais y avoir de bé-

Ruche Féburier.

néfice, puisque M. Huber a constaté que 1 kilogramme de miel ne produit qu'environ 60 grammes de cire. »

C'est M. Féburier qui a traité l'article *abeille* dans la *Maison rustique du dix-neuvième siècle*. Cet auteur prétend que les abeilles savent nourrir leur reine de certaines substances qui augmentent ou diminuent la ponte, suivant les besoins de la ruche ou le plus ou moins d'abondance des fleurs.

M. Debeauvoys, auteur d'un manuel d'apiculture, répète ces assertions.

Il est impossible de constater le genre de nourriture que les abeilles donnent à leur reine ; mais il est bien facile de se convaincre de la légèreté de ces affirmations répétées : car, si cela était, pourquoi verrait-on, lorsqu'on enlève les rayons ou la partie des rayons destinés à la ponte de la mère abeille, plusieurs œufs dans la même cellule, œufs qui sont sacrifiés par les ouvrières, à l'exception d'un seul? Certainement, si les abeilles le pouvaient, elles arrêteraient ces pontes inutiles en donnant à la mère la nourriture dont on parle.

L'ouvrage de M. Féburier contient plusieurs observations assez intéressantes, mais dont il n'a pas suffisamment constaté l'exactitude. Ainsi, il avance qu'une ruche bien peuplée peut donner un essaim composé de 50,000 abeilles : or, pour que cela fût exact, il faudrait que cet essaim pesât près de quatre kilogrammes et demi, ce qui ne s'est jamais vu ; car les plus forts dépassent rarement la moitié de ce chiffre.

Je terminerai en disant que la ruche Féburier ne saurait convenir pour une exploitation un peu forte, et que, pour un simple observateur, celle de M. Huber est encore bien préférable.

CHAPITRE IV

**Ruches couchées. — Ruche Bienaimé.
Ruche Canuel.**

J'ai déjà dit que, lorsque l'homme conçut l'idée de réduire les abeilles en domesticité, il leur donna sans doute dès le commencement un logement imité de celui qu'elles choisissent d'habitude, c'est-à-dire une portion de tronc d'arbre creusée et dressée debout. Plus tard, on aura reconnu par hasard que ces mêmes troncs d'arbres couchés offraient autant d'attraits aux abeilles et qu'on pouvait y trouver plus de facilité pour la récolte, à l'aide d'un fond mobile qui fermerait l'extrémité opposée à la sortie des abeilles, et qu'on enlèverait lorsqu'on voudrait prendre du miel. En effet, les abeilles placent toujours leurs provisions dans l'endroit le plus reculé de leur demeure : ainsi, dans les ruches en cloche, c'est la partie supérieure qui est consacrée à emmagasiner le miel ; quand on pratique l'ouverture destinée à leur sortie dans le haut de la ruche, elles placent le miel dans le bas, et, lorsque leur demeure est plus longue que haute, avec une ouverture à l'une des extrémités, elles cachent leur précieux nectar dans la partie opposée à l'ouverture, afin que les envieux et les voleurs soient obligés de traverser la population entière pour parvenir jusqu'à leur trésor.

Cette ruse a tout le succès possible avec les ennemis ordinaires; mais elle favorise l'homme industrieux qui veut s'emparer de tout ce qui lui convient, et elle a provoqué l'invention des ruches couchées, usitées chez les peuplades du cap de Bonne-Espérance, de Madagascar, dans le midi de l'Italie, et déjà connues, à ce qu'il paraît, des Grecs et des Romains.

Ruche de M. Canuel.

M. l'abbé Bienaimé, auteur d'un traité sur les abeilles, a proposé cette forme de ruche. Elle a été un moment en vogue en France, puis on l'a entièrement abandonnée, et ensuite elle a été reprise par d'autres personnes qui l'ont présentée comme une nouveauté.

Ainsi, la ruche et le système de M. le général Canuel sont tout simplement la ruche et le système de l'abbé Bienaimé; seulement le général a ajouté des soupiraux, des portes, des fenêtres et des ventilateurs, ce qui augmente le prix et complique la ruche. A la forme cylindrique, il a substitué un carré long et un dessus plat, ce qui oblige les amateurs à la placer dans un lieu abrité et couvert.

M. Canuel dit qu'il doit la connaissance de sa méthode aux naturels de Madagascar; cela est possible; mais pourquoi donc aller chercher si loin ce qui avait été décrit en France et pratiqué soixante ans auparavant? Je ne voudrais pas relever quelques erreurs sur l'histoire naturelle des abeilles qui déparent l'ouvrage du général, et cependant je crois devoir répéter ici ce que j'ai déjà dit plus haut, c'est que les auteurs qui veulent inspirer quelque confiance à leurs lecteurs, au lieu de présenter des faits douteux comme vrais, doivent être assez modestes pour ne point nier les découvertes de ceux qui ont eu le talent de bien voir, et ce reproche, je l'adresse particulièrement aux apiculteurs de l'époque actuelle.

Au reste, à part ses dessus plats et l'élévation forcée de son prix, on peut dire que la ruche Canuel est très-commode à exploiter et n'est certainement pas plus mauvaise pour les abeilles que la plupart de celles que l'on préconise tant aujourd'hui.

J'ai connu des personnes qui possédaient des ruches de cette forme depuis un grand nombre d'années. Les abeilles, qui se plaisent à peu près partout où elles ne sont pas exposées aux intempéries de l'air et où elles peuvent vivre réunies, y produisaient beaucoup de miel; mais ces ruches étant abritées, elles essaimaient rarement, ce qui convenait au propriétaire, que ses occupations empêchaient de surveiller son rucher.

M. le général Canuel évaluait à neuf francs le prix de revient de ses ruches. C'est à peu près ce que m'ont coûté celles que j'ai fait faire.

Avec cette ruche, on n'attaque jamais le couvain; on peut tailler sur place, sans rien déranger, puisqu'il suffit de l'ouvrir par le fond mobile pour prendre le miel que les abeilles placent toujours à l'extrémité opposée à l'entrée; ensuite on rapproche le fond mobile, en ne leur laissant que l'espace nécessaire pour un nouveau rayon. On visite la ruche de quinze jours en quinze jours, même à des époques plus rapprochées, si la saison est abondante en fleurs, et cela, dans le but de leur rendre de l'espace pour y construire de nouveaux rayons.

L'opération de la taille, toujours fort difficile dans les autres ruches, est plus aisée à faire avec celle-ci et ne dure qu'un instant. Il arrive rarement qu'on tue des abeilles, tandis que les ruches ordinaires ne peuvent être taillées sans entraîner la mort d'une foule d'entre elles, et quelquefois celle de la reine. Enfin il est bien fâcheux que cette forme de ruche soit hors de la portée du simple cultivateur; car, en vérité, malgré ses défauts, c'est une des plus commodes qui existent.

CHAPITRE V

Ruche à air libre.

Cette forme et ce système de ruche ne se rapportant à aucun de ceux connus jusqu'à ce jour, il est nécessaire d'en faire une analyse particulière.

MM. Martin père et fils en sont les auteurs. Est-ce une invention utile? La science y a-t-elle gagné quelque chose? Les cultivateurs et les amateurs leur doivent-ils de la reconnaissance? C'est ce dont vous allez juger.

« La construction de notre ruche est fort simple, disent les inventeurs ; elle se divise en quatre parties mobiles, superposées les unes sur les autres. Ces parties se nomment *cases*. Chaque case est formée de deux tablettes en bois blanc de 8 millimètres d'épaisseur sur $0^m,32$ de côté. Chaque tablette a un trou carré de $0^m,04$ au centre. Ces tablettes sont réunies par quatre colonnes en bois de 15 millimètres de diamètre sur $0^m,11$ de hauteur, fixées entre les deux tablettes à distances égales et à $0^m,08$ des bords de chaque face. On assujettit avec un clou d'épingle chaque extrémité des colonnes. Cet ensemble constitue une case.

« On superpose quatre cases ensemble pour la formation d'une ruche ordinaire; la correspondance des trous doit être parfaite. On bouche le trou qu'on a pratiqué tout à fait à la partie supérieure de la ruche, mais de manière à ce qu'on puisse l'ouvrir et fermer à volonté.

« On maintient l'assemblage de l'édifice au moyen de deux fils de fer passés en croix dans la case inférieure, réunis et serrés sous la case supérieure. Dans la suite, les abeilles, en propolisant les cases entre elles, en augmentent encore la solidité. Le tout étant ainsi disposé, on enveloppe cet ensemble d'une simple toile, en laissant libre une des faces de la case inférieure; c'est par là qu'on introduit l'essaim, après quoi on doit le renfermer, en ménageant toutefois une petite ouverture pour que les abeilles puissent entrer et sortir librement.

« L'essaim introduit se comporte là comme partout ailleurs; il cherche à établir les fondements de ses gâteaux. Les parties latérales de cette ruche ne lui offrent guère de sécurité; aussi n'est-ce pas là qu'il commence d'abord, c'est vers le centre de la case où il se trouve; bientôt il envahit la troisième et enfin la quatrième et dernière. Dans les années favorables, c'est l'affaire de huit à dix jours; on peut alors enlever totalement la toile, qui ne tient que légèrement aux gâteaux; on pourrait également l'enlever au bout de quelques jours, mais on risquerait de voir les abeilles se porter d'un seul côté, et il en résulterait un travail irrégulier.

« Ainsi mises à l'air libre, les abeilles continueraient leurs travaux tranquillement, si l'état de l'atmosphère était toujours calme et exempt de tout ce qui peut nuire essentiellement à ces insectes ; car on conçoit que, malgré sa dénomination de ruche à l'air libre, il faut cependant la mettre à l'abri de l'intempérie des saisons. Les abeilles ne résisteraient pas à l'ardeur du soleil ni aux gelées des hivers, pas plus qu'aux ouragans et aux pluies, etc..... On devra donc remplir les conditions nécessaires même aux autres ruches pour les garantir de ces incommodités et leur faire un surtout. »

En vérité, je ne comprends ni l'utilité ni l'agrément d'une pareille ruche. C'est bien la plus incommode qu'il soit possible d'imaginer pour les observations. Une ruche composée de quatre cases exige huit tablettes, seize colonnes ou supports, un surtout immense, car il doit être assez ample pour qu'on puisse le tenir éloigné des cases, de façon que les abeilles n'y attachent point leurs gâteaux ; enfin, un support ou tablier proportionné à cet établissement. Le prix élevé qu'un pareil attirail doit coûter, la place qu'il exige, seront, fort heureusement pour les abeilles, un empêchement suffisant à son adoption.

Et d'ailleurs, comment y passeraient-elles l'hiver?..... M. Martin obvie à cet inconvénient en faisant placer sa ruche dans un lieu où le thermomètre ne descend pas à plus d'un degré de froid, sans s'élever jamais à plus de cinq ou six degrés au-dessus de zéro.

Je crois inutile de m'étendre plus au long sur une ruche qui ne présente aucun avantage réel et qui réunit tous les inconvénients que les abeilles redoutent le plus, qui les expose au froid, au pillage, et les rend certainement malheureuses, puisqu'elles se sentent en butte à tous leurs ennemis sans avoir un seul rempart, une seule muraille pour défendre et abriter leur famille et leurs richesses.

M. Martin parle avec enthousiasme de sa ruche d'observation. Elle ne diffère de la précédente que par une espèce de tente ou pavillon en coutil dont elle est recouverte. Au moyen d'un appareil de poulies destiné à élever son surtout, qui est aussi en coutil, on peut mettre les abeilles à découvert. En hiver, on enveloppe la ruche entière dans une couverture de laine, etc., etc.

Comment serait-il possible d'observer et de pénétrer dans le secret de la vie intime des abeilles au moyen d'un appareil aussi incommode? Tout ce qu'il est possible de voir, en levant cette espèce de rideau, est un groupe d'abeilles dont il serait difficile de deviner les occupations, et l'extrémité de quelques rayons qui ne contiennent ni miel ni couvain.

Le paysan qui soulève sa ruche de paille ou d'osier assiste au même spectacle sans le payer aussi cher.

Une ruche de ce modèle a pourtant été exposée à la curiosité des savants au jardin des Plantes, et a excité pendant plusieurs années l'admiration de tous ceux qui vont y étudier les mystères de la belle nature.

CHAPITRE VI

Ruche des bois, de M. Frémiet.

Passons à la forme de ruche qu'un ancien officier de la grande armée a imaginée, et qu'il pratique avec succès depuis un grand nombre d'années. Combien il est à regretter qu'un homme aussi intelligent n'ait pas voulu s'astreindre à étudier les auteurs qui ont écrit sur les abeilles ! Il aurait pu se convaincre, en répétant les expériences d'Huber, par exemple, que les observations de cet illustre apiculteur sont, en général, d'une exactitude scrupuleuse, et il aurait évité de présenter, dans son intéressant ouvrage, certains faits concernant l'histoire naturelle des abeilles sous un faux point de vue : ce qui peut nuire à la confiance qu'il mérite à tant d'égards. Cela dit, je m'empresse de reconnaître que M. Frémiet a rendu un très-grand service aux personnes qui habitent les bois et autres lieux isolés. Sa ruche est peut-être difficile à exploiter, et il faut une grande habitude pour enlever la case intérieure qu'il nomme *magasin*.

Voici, au reste, l'opinion d'un apiculteur que sa place retient au milieu des forêts. M. Merville, pratiquant cette ruche, pouvait mieux que personne en apprécier l'utilité.

« La ruche *des bois* est, en effet, particulièrement destinée aux personnes qui ont la facilité de placer

Ruche de M. Frémiet.

leurs ruchers dans les forêts, dit M. Merville ; en conséquence, son auteur a tâché d'allier la solidité aux autres conditions nécessaires à une bonne ruche. Elle est un peu difficile à exploiter, il est vrai ; elle demande certaines précautions auxquelles le commun des apiculteurs ne voudrait peut-être pas s'astreindre ; mais, à cela près, c'est une excellente ruche.

« On dira peut-être que ce n'est pas encore là la

ruche modèle que cherchent les apiculteurs, que c'est une ruche de circonstance, bonne dans un lieu, mauvaise dans un autre. Mais qui donc l'offrira, cette ruche nouvelle? Personne, jusqu'à présent, ne l'a encore inventée. J'ajouterai même qu'il est impossible d'en trouver une qui soit parfaite sous tous les rapports. Mais écoutez, en attendant, ce que je sais à l'avantage de la ruche des bois. Et d'abord voici sa description, que j'extrais de l'ouvrage de cet apiculteur :

« Cette ruche est d'une seule pièce ; elle est faite en « planches de sapin fortement clouées et peintes à « trois couches à l'huile. Sa hauteur est de $0^{m},66$; « l'intérieur présente un carré long dont un des cô- « tés de l'angle a $0^{m},33$; l'autre, $0^{m},24$. Elle est ren- « forcée et en haut et en bas par des linteaux ; ceux « de la partie inférieure sont placés dans l'intérieur, « aux deux tiers de la ruche ; à partir du bas, on cloue « deux autres linteaux qui soutiennent un plancher « sur lequel pose un magasin que le propriétaire vide « avec précaution à l'époque ordinaire de la récolte. « Le dessus de la ruche est fermé par une planche « fixée au corps avec des attaches en fer battu, les- « quelles sont arrêtées avec des clous à vis. Cette plan- « che appuie sur le couvercle du magasin, qui est « en petits lambris, et remplit autant que possible « tout le vide depuis le plancher jusqu'au couvercle « de la ruche ; il faut avoir soin d'y attacher solide- « ment des poignées pour le tirer.

« Ce magasin pèse ordinairement 10 kilogram-

« mes ; si on y ajoute la force que l'on doit employer « pour rompre les soudures des abeilles, il fau- « dra une force de 50 kilogrammes pour le manœu- « vrer. »

« M. Frémiet se sert aussi d'une seconde espèce de ruche qui se compose de deux boîtes de même dimension, posées l'une sur l'autre, avec des trous de communication. C'est là une imitation de la ruche Palteau. Ainsi je n'en dirai pas davantage sur cette dernière ruche.

« Comme les bois solitaires sont souvent fréquentés par des maraudeurs, M. Frémiet a imaginé de placer ses ruches par divisions de dix, dans un rucher solidement construit. On les lie ensemble par des attaches de fer, des écrous, etc., de manière à rendre le vol ou le pillage très-difficile aux hommes et aux bêtes friandes de miel. Vous comprenez que ces précautions ne sont pas inutiles lorsqu'on place les ruches loin de toute surveillance.

« La dépouille de ces ruches m'a paru d'abord très-embarrassante ; mais, à force de patience, je suis venu à bout d'opérer sans trop de difficultés. C'est un vrai plaisir pour moi d'aller avec mon garde-chasse, homme très-adroit, recueillir l'excellent miel de mes abeilles. Pris sur les fleurs sauvages de la forêt, il est très-aromatique, préférable, sous tous les rapports, à celui qu'elles trouvent dans les plaines à grande culture. Mon rucher, ou plutôt mes ruches, ne sont pas très-nombreuses. Eh bien ! je me fais, bon an mal an, près de 1200 francs, grâce à la ruche de M. Frémiet.

« Mais ce qui vous paraîtra surtout très-ingénieux dans l'ouvrage de cet auteur, c'est la manière dont il apprend à faire une petite source artificielle à l'usage des abeilles : procédé sans lequel je n'aurais pu en garder dans le canton où j'ai établi mon rucher, car il n'y a pas de ruisseau dans un rayon de près d'une demi-lieue. Or, dans les chaleurs, elles eussent péri sans les précautions que j'ai prises d'établir deux ou trois sources artificielles dans le voisinage de mes ruches.

« Comme on ne rencontre pas toujours de l'eau dans les endroits déserts, je vais donner une description des sources artificielles : on place sur deux traverses de bois un vieux tonneau ou cuvier qu'on remplit entièrement de mousse bien tassée ; ensuite on y verse autant d'eau qu'il en peut contenir, et on le recouvre avec une forte couche de mousse, laquelle est elle-même recouverte de terre ou de sable ; le lendemain, on perce le tonneau avec une mèche très-fine, afin que l'eau ne tombe que goutte à goutte. On place sous la gouttière un coussinet de mousse dans un vase ou sur de la terre glaise ; ce coussinet s'entretient mouillé et est suffisant pour abreuver les abeilles de trente ruches. Un tonneau ordinaire, coulant goutte à goutte, dure près de deux mois, et l'eau en est aussi fraîche et aussi limpide que celle des sources. Ne semble-t-il pas que par son système de ruche, si bien adapté aux habitants des forêts, et son ingénieux procédé de source artificielle, cet apiculteur a effacé bien des erreurs en histoire naturelle ? »

Je regretterais sincèrement que l'on prît mes justes observations pour une critique malveillante. M. Frémiet a certainement droit aux éloges et aux remercîments des éleveurs d'abeilles; mais s'ensuit-il de là qu'on ne doive pas le blâmer d'avoir obstinément repoussé les instructions de ses devanciers? C'est lui-même qui l'avoue, ou, pour mieux dire, qui en tire vanité. Il se serait pourtant préservé de bien des erreurs, s'il eût commencé par étudier ce qu'il voulait enseigner aux autres.

On me demandera peut-être quelles sont ces erreurs et de quelle conséquence elles peuvent être dans la pratique de l'apiculture. D'abord M. Frémiet attribue à la fermentation du miel une partie de la chaleur qui règne dans les ruches. Cette erreur n'est pas de nature à nuire aux apiculteurs, au contraire; mais en voici d'autres qui peuvent leur être très-préjudiciables. Il avance que le miel est la seule nourriture des larves. J'ai démontré précédemment que cette assertion peut favoriser la funeste habitude des gens de la campagne d'enlever le pollen comme inutile et même nuisible aux abeilles. M. Frémiet prétend que la reine vit tout au plus deux ans. J'en ai suivi et observé plusieurs, pour ne pas dire un grand nombre, dont l'existence s'est prolongée au delà de deux et trois ans; quelques-unes ont atteint leur quatrième année; deux avaient cinq ans lorsque je les ai perdues de vue. M. Frémiet est encore dans le doute sur la matière première de la cire; il penche à croire que le pollen en est l'élément. Je ne m'arrêterai pas à d'autres erreurs qui déparent son ouvrage. Il est fâcheux qu'un homme doué d'autant d'aptitude et de patience ait voulu s'isoler et avancer dans la carrière parcourue avec tant d'éclat par les Réaumur, les Bonnet, les Maraldi, les Schirac et les Huber, sans daigner s'instruire et profiter des travaux consciencieux de ces illustres savants.

CHAPITRE VII

Ruche de M. Nutt.

Parmi les productions extravagantes, on peut placer la ruche de M. Nutt, et, ce qu'il y a d'étonnant, c'est qu'à raison même de l'étrangeté de l'invention, cette ruche a eu un moment de véritable vogue.

La ruche Nutt est extrêmement compliquée ; elle est composée de six parties : un socle, un pavillon central, quatre boîtes latérales, une boîte octogone, une cloche en verre, un tiroir renfermant un plat pour la nourriture des abeilles, d'autres tiroirs avec des charnières, de faux tiroirs latéraux qui sont des espèces de vestibules, un chapeau, des fenêtres vitrées, des tuyaux de fer-blanc percés de trous, servant à placer les thermomètres.

Tout cet attirail, bien propre à effrayer un modeste cultivateur, a ébloui au contraire les apiculteurs novices et les gens du monde ; de sorte qu'on peut dire en toute vérité que ce qui a valu à cette ruche la vogue incroyable dont elle a joui, c'est précisément son extravagante complication.

« Je m'en suis enthousiasmé à raison même de toutes ces complications, me disait le docteur G., auquel un de ses amis en avait adressé une avec l'ouvrage de M. Nutt expliquant la manière de s'en servir, et, pendant deux ans, j'ai essayé vainement de réaliser les admirables promesses de l'auteur, mais, hélas ! sans obtenir de succès. »

Ruche de M. Nutt.

Voici ce que disait l'instruction :

« On peuple le pavillon central comme une ruche ordinaire, et, quand on y place d'abord un essaim, toutes les communications avec les autres boîtes doivent être interceptées ; on ouvre seulement la feuille de fer-blanc qui établit la communication entre ce pavillon et le tiroir, et on laisse ce tiroir entr'ouvert. Les abeilles se livrent à leurs travaux, rentrent dans le tiroir, et de là montent dans la boîte comme elles le feraient dans une ruche ordinaire, mais avec cet avantage, que les animaux nuisibles ne peuvent y pénétrer aussi aisément que dans les autres ruches.

« Quand les symptômes de l'essaimage se manifestent, il faut prévenir la fuite de l'essaim en élargissant le domicile des abeilles, et pour cela on tire la feuille de fer-blanc qui sépare le pavillon de la cloche de verre, et les abeilles, trouvant l'espace nécessaire, n'essaiment pas et demeurent dans cette nouvelle portion de la ruche.

« Lorsque, au bout de quinze à vingt jours, on reconnaît aux mouvements qui ont lieu dans la ruche qu'il va sortir un essaim secondaire, on agrandit encore le domicile en tirant la feuille de fer-blanc qui interceptait la communication entre le pavillon et l'une des boîtes latérales, et le surplus de la population s'installe dans cette boîte au lieu de chercher à essaimer au dehors.

« Enfin, si les mêmes symptômes apparaissent une troisième fois, on ouvre la communication entre ce pavillon et la seconde boîte latérale, et les abeilles s'y établissent de nouveau.

« Avant d'ouvrir la communication, il faut frotter avec un peu de miel liquide l'intérieur des boîtes, surtout dans le voisinage des ouvertures de communication, et comme il devient nécessaire, par suite de l'élargissement du domicile des abeilles et de leur nombre croissant, de leur ouvrir de nouveaux passages, on enlève les feuilles de fer-blanc qui bouchaient les trous semi-circulaires du socle, et on les remplace par les feuilles percées de trous par lesquels les abeilles passent dans les faux tiroirs pour se répandre dans la campagne.

« Ce qu'il y a de remarquable dans ces ruches, assure M. Nutt, c'est que l'essaim peuple d'abord dans le pavillon du milieu et *continue à peupler* même après qu'on a élargi le domicile des abeilles. La cloche et les deux boîtes latérales servent aux abeilles à apporter la récolte, à l'emmagasiner, et non pas à déposer des œufs et à élever du couvain. Cette particularité explique comment le miel qu'on obtient est toujours blanc, sans mélange de pollen qui, dans les ruches ordinaires, s'échauffe, fermente et colore le miel.

« Pour faire la récolte du miel dans cet appareil, on enlève la boîte octogone qui recouvre la cloche en verre, on passe entre celle-ci et la planche mobile qui recouvre le pavillon central un fil de métal pour détruire l'adhérence qui existe entre ces deux parties, puis on glisse une feuille de fer-blanc sous la cloche, et on l'enlève. On transvase le produit, on replace la cloche sur le pavillon et on tire la feuille de fer-blanc pour rétablir la communication. Il faut faire attention dans cette opération de ne pas enlever la reine dans la cloche, et, s'il en était ainsi, ce qu'on reconnaît facilement à l'agitation des abeilles qui viennent se grouper sur cette cloche, il faudrait la replacer et attendre un autre moment favorable et un beau jour pour faire la récolte.

« Quand on a opéré avec succès, on place doucement la cloche à l'ombre, à douze ou quinze mètres de la ruche, en la couvrant d'une étoffe noire et la soulevant un peu pour permettre la sortie des abeilles, qui ne tardent pas à l'abandonner et à retourner à la ruche mère.

« On en agit de même lorsqu'on veut récolter le miel des boîtes latérales ; seulement il faut, la nuit qui précède cette récolte, ouvrir en entier les portes qui ferment les faux tiroirs, pour que les abeilles, frappées par le froid, émigrent dans le pavillon du milieu, où la température est plus élevée.

« Un des points les plus curieux de la méthode de M. Nutt est l'emploi du thermomètre et de la ventilation dans le gouvernement des abeilles. Cet apiculteur avait remarqué, ainsi que beaucoup d'autres observateurs l'avaient fait avant lui, que les abeilles, surtout dans les temps chauds, agitaient continuellement leurs ailes sans changer de place et avec vivacité pour rafraîchir l'intérieur de la ruche et y opérer une douce ventilation. L'abbé Della Rocca, afin de prévenir l'élévation de la température, qui a lieu quelquefois dans les ruches, soit par suite de la chaleur de l'air extérieur, soit par l'accumulation de la population, avait conseillé de procurer cette ventilation en pratiquant dans la ruche quelques ouvertures pour aérer les abeilles ; mais il ignorait le parti avantageux qu'on peut retirer d'une ventilation bien entendue, et c'est ce que M. Nutt paraît avoir observé avec soin et mis à profit. Afin de régler la température dans l'intérieur de la ruche, M. Nutt se sert d'un thermomètre qu'il suspend dans le tuyau de fer-blanc perforé. Ce tuyau est placé sur l'ouverture pratiquée au sommet des boîtes latérales, et s'appuie, au moyen de la plaque carrée qui le surmonte, sur la gorge pratiquée sur cette ouverture. Le tout est recouvert du tampon qui est mobile, de manière qu'en le soulevant on puisse lire le degré marqué par le thermomètre. La règle est de ne pas laisser la température intérieure de la ruche tomber au-dessous de 20° centigrades et monter au-delà de 25° à 30°, qui est le degré le plus convenable pour les abeilles. Dès que cette température est dépassée, il faut ventiler en ouvrant le couvercle ; il s'établit alors un courant d'air qui entre par les faux tiroirs, traverse la ruche et vient sortir par l'ouverture supérieure des boîtes. En hiver, où les abeilles doivent être engourdies, une température même assez basse ne leur est pas nuisible. Il ne faut pas craindre de placer la ruche dans un lieu sec, tranquille et d'une température constamment froide.

« Au moyen de ces précautions, l'air est renouvelé dans l'intérieur de la ruche, et la chaleur y est modérée ; les abeilles sont plus vives et plus actives et ne sont pas obligées d'employer leur temps à battre des ailes, ou forcées de passer en dehors de la ruche, en grappes ou en boule, pendant vingt à trente jours de la plus belle saison, le temps que, dans le nouveau mode, elles emploient en travaux utiles et productifs pour l'homme.

« L'essaimage ayant lieu, suivant la plupart des

observateurs, par suite de la haute température qu'une population abondante produit au sein de la ruche, on prévient ainsi par la ventilation la fuite des essaims, surtout quand on augmente en même temps l'étendue de la demeure des abeilles.

« En donnant de l'air frais à la ruche par les boîtes latérales, on contraint la reine à demeurer continuellement dans le pavillon central, où elle continue à procréer, et où règne la température la plus favorable à la ponte et à l'éducation des larves. Les autres travaux de la ruche n'exigent pas une température aussi élevée; les abeilles ne déposent dans la cloche et dans les boîtes latérales que du miel et pas de pollen, qui étant destiné à la nourriture du couvain, est transporté par elles dans la boîte du milieu, ce qui donne un produit de meilleure qualité et fort abondant. »

Voilà le système de ruche qui avait semblé au docteur G., le *nec plus ultra* des perfectionnements possibles. Cependant c'est à tort que l'on a attribué ce genre de ruche à l'imagination inventive de M. Nutt, puisque M. Ravenel en est proprement l'auteur; mais le premier l'a tellement compliquée qu'il était juste de lui laisser une large part dans l'honneur de cette invention. On s'en souvient peut-être, à l'apparition de cette ruche tant vantée, tous les riches voulurent en avoir ; la reine Victoria donnant l'exemple, il n'y avait pas un château en Angleterre où l'on ne trouvât la ruche Nutt. Or, si l'on suit nos modes de l'autre côté du détroit, nous tâchons d'imiter nos voisins dans toutes les innovations. On vit donc de semblables ruches dans les demeures princières, et tous les grands seigneurs voulurent se procurer cette innocente satisfaction. La ruche Nutt bouleversait toutes les têtes. D'ailleurs, on affirmait que les abeilles y travaillaient avec tant de courage qu'on pouvait récolter au moins 100 kilogrammes de miel par chaque ruche et par année. Et ce compte ne paraissait pas exagéré, puisque M. Nutt avait recueilli dans une seule ruche, pendant le courant de l'année 1828, 148 kilogrammes de miel de qualité supérieure.

On voit, d'après cela, que le docteur G. avait eu bien des motifs pour adopter la ruche et la méthode de l'apiculteur anglais. En y réfléchissant mûrement, on se serait dit pourtant que, les fleurs de l'Angleterre ne contenant pas plus de miel que celles qui croissent en France, et les abeilles n'y étant certainement pas plus habiles, il était impossible qu'elles y fissent d'aussi brillantes récoltes.

On ne pouvait cependant suspecter la véracité d'un homme comme M. Nutt ; il y avait donc tout un mystère à pénétrer. Ce tiroir plein de miel ou de sirop de dextrine n'a-t-il pas largement suppléé aux fleurs de l'Angleterre ? c'est ce qui m'a paru le plus probable quand j'ai su que c'était là son usage et qu'on avait soin de le tenir toujours rempli d'une liqueur sucrée. Certes, on aurait eu bien raison de tenter cette transformation de sirop de dextrine en un miel précieux. C'eût été une spéculation admirable. Malheureusement l'abeille ne peut rien créer ; elle recueille et ne change ni la qualité, ni la couleur, ni le parfum des matières sucrées. Au reste, le sirop de dextrine, qui paraît plaire d'abord aux abeilles, finit par altérer leur santé ; lorsqu'elles en prolongent l'usage, elles perdent leurs forces et leur vivacité. La reine, n'ayant pas une alimentation appropriée à ses fonctions, languit ; sa ponte en souffre, et la ruche, qui paraissait si prospère au commencement, ressemble bientôt à un hospice d'abeilles. Ayant fait part un jour de ces réflexions au docteur G., il convint qu'ayant suivi les indications de M. Nutt, sa ruche avait offert bientôt l'aspect le plus déplorable.

On peut dire que, si le système de M. Nutt a excité un moment d'engouement universel, il a été suivi bientôt d'une désillusion complète. Au reste, ce qu'il y a de vraiment fâcheux dans ces élans d'enthousiasme, c'est que le dégoût, qui en est la conséquence inévitable, fait le plus grand tort à l'industrie mellifère.

M. Nutt, qui a donné d'assez amples notions sur les abeilles, sur leurs mœurs, sur leurs besoins, est tombé dans de singulières erreurs. Ainsi il regarde l'essaimage comme une chose inutile, propre seulement à donner de l'embarras. D'après cette idée, il emploie tous les moyens possibles pour le prévenir, l'empêcher même. Eh bien, quand il n'y aurait que cette seule erreur dans son système, elle suffirait pour qu'on dût le rejeter entièrement ; car c'est la plus funeste mesure qu'il soit possible d'imaginer, la plus contraire au bien-être et à la prospérité des abeilles.

Je n'ai pas besoin de rappeler ce que j'ai dit sur l'âge des reines, sur l'époque de leur fécondité, sur le rétrécissement des alvéoles occupés par leurs larves. M. Nutt ne récoltant jamais le pavillon du milieu, oblige les abeilles à élever toutes les larves dans ce pavillon, et, dès la seconde année, le rétrécissement des alvéoles occupés successivement par plusieurs générations de larves doit être très-sensible.

Je pourrais relever bien d'autres erreurs; mais à quoi bon? La méthode Nutt est complétement abandonnée, du moins en France, et je ne l'aurais pas même mentionnée si, aujourd'hui encore, on ne voyait des gens instruits adopter aveuglément les systèmes les plus extravagants.

CHAPITRE VIII

Ruches à feuillets de M. Huber.
Ruches à cadres mobiles.

C'est une véritable satisfaction pour moi que d'entretenir mes lecteurs de la méthode de M. Huber; rien, dans la forme de ruche ni dans le système de cet illustre naturaliste, ne vient heurter le bon sens de l'éleveur d'abeilles. M. Huber ne se pose point en maître qui commande l'adoption de sa ruche, il n'affirme point que hors sa méthode il n'existe que des systèmes absurdes, impraticables. Et c'est pourtant lui qui est l'unique inventeur de la ruche à feuillets; lui seul aurait droit d'exiger d'être cru sur parole, car c'est à lui que nous sommes redevables des plus belles découvertes et des notions les plus justes et les plus exactes sur les mœurs des abeilles et sur leurs travaux, sur l'utilité et l'emploi du pollen, sur l'usage et la nature de la propolis, sur la sécrétion et l'origine de la cire! Son fils nous a initiés aux plus secrets mystères de l'admirable édification des rayons, dont on n'avait nulle idée avant lui. Et cependant, avec quelle modestie tout cela est exposé ! Point de ces affirmations arrogantes qui choquent le lecteur et sont presque toujours controuvées.

Ruche à feuillets de M. Huber.

La ruche de M. Huber, dite ruche à *feuillets* ou *en livre*, se compose d'un certain nombre de châssis ou feuillets, ayant chacun 0m,50 de hauteur sur 0m,30 de largeur. Chaque montant a 0m,05 d'épaisseur sur 0m,04 de largeur. Aux deux extrémités des huit châssis, se trouve un feuillet destiné à recevoir un vitrage à sa partie intérieure. Deux traverses plates de 0m,52 de longueur sur 0m,05 de largeur et 0m,01 d'épaisseur entrent dans le milieu de la hauteur et des deux côtés des deux châssis vitrés, dans la partie qui fait saillie en longeant le côté des huit feuillets, et reçoivent dans des trous espacés une petite broche de fer. Pour bien assujettir le tout ensemble, on a quatre épingles en bois, amincies à leurs extrémités ; on les enfonce sur la broche de fer, qu'elles embrassent, jusqu'à ce que le tout soit solidement réuni. L'entrée des abeilles doit se pratiquer dans l'épaisseur du tablier, au-dessous d'un des châssis vitrés. Cette disposition est préférable à celle qu'on établit ordinairement en plaçant l'entrée du côté où les feuillets se réunissent.

L'usage de cette ruche pour les observations est fort simple. Lorsqu'on veut surprendre les abeilles dans leurs travaux, on fait glisser le long des traverses les deux châssis portant les volets, et on écarte avec précaution les feuillets, qu'on rapproche ensuite. En faisant cette visite avec douceur, on n'excite point la colère des abeilles. Quant à la dépouille, on enlève les châssis opposés à l'entrée, parce que ce sont ceux où les abeilles placent leurs provisions.

Les ruches destinées à rester en plein air sont couvertes d'un petit toit formé de deux planches clouées sur deux autres faisant triangle, pour cacher le vide qui se trouve sous le toit.

Selon M. Huber, on place une portion de gâteau au centre de la partie supérieure de chaque châssis, afin que les abeilles continuent leur travail dans le sens voulu ; comme chaque châssis contient un rayon, pour que rien ne dérange et ne puisse troubler les abeilles lorsqu'on ouvre la ruche, on fixe cette portion de gâteau au moyen d'une légère traverse de bois clouée d'un montant à l'autre et placée environ aux deux tiers de la ruche, à partir du bas. Comme il est assez difficile de faire tenir ce gâteau sans qu'il incline à droite ou à gauche par le poids des abeilles qui s'y tiennent accrochées et qui le rognent avant de le souder, voici le procédé que j'ai imaginé pour obvier à cet inconvénient :

On choisit une portion de gâteau du petit modèle, bien propre, mais de couleur rousse ; car la cire qui est encore blanche, n'ayant pas été propolisée, est très-cassante et ne présente pas assez de solidité pour supporter le poids des abeilles. On en coupe une tranche mince, bien droite, ayant au plus $0^m,05$ de haut sur 0^m08 ou $0^m,10$ de large, et on a soin qu'elle soit placée dans la même position qu'elle avait dans la ruche d'où on l'a tirée. On sait que l'alvéole est construit par les abeilles de manière que l'ouverture se trouve un peu plus élevée que le fond, afin, probablement, que le miel ou la larve soient attirés par leur pesanteur vers le fond, contre les trapèzes : il est nécessaire de poser ce rayon régulateur sous l'inclinaison convenable. On le colle avec de la gomme arabique épaisse, ou même tout simplement avec de la colle de menuisier, bien au milieu de la traverse supérieure de la ruche, c'est-à-dire au haut de la ruche, en sorte que tous les gâteaux voisins puissent se trouver à égale distance. Au reste, une fois que les abeilles ont suivi le plan des deux ou trois rayons qu'on a placés pour les diriger, il n'est nullement besoin de continuer à les guider pour les châssis suivants; il suffit d'écarter ceux où elles ont travaillé, et de placer un châssis vide entre chacun de ceux qui ont un commencement de prolongation.

Cette disposition de ruche par feuillets a inspiré de nombreuses imitations. Féburier d'abord, puis d'autres apiculteurs, se sont emparés du principe, qui consiste à obtenir que les abeilles placent un rayon dans une espèce de cadre qu'on puisse enlever sans toucher aux autres cadres ou châssis; puis, en rapprochant ceux-ci, ou en substituant un cadre vide à celui qu'on enlève, on reconstitue la ruche sans tuer d'abeilles, sans même les troubler d'une manière fâcheuse.

Quelques personnes ont imaginé de mettre de très-faibles cadres dans une caisse de bois, toujours en observant les mêmes dispositions. Elles ont obtenu plus de sécurité pour les abeilles, qui ne risquent pas d'être écrasées quand on rapproche les châssis ; mais l'observation y perd presque tous les avantages que procure la ruche primitive.

Un officier russe, M. de Sablonkoff, a présenté à la société polytechnique française une traduction de la méthode d'un de ses compatriotes, officier comme lui, et auteur d'un ouvrage sur les abeilles qui a reçu le plus brillant accueil en Russie. Cet apiculteur distingué a imaginé de placer les cadres dans le corps d'une grande ruche en bois, de la forme à peu près de celle de M. Frémiet. M. de Prokopovitsh a même fondé, dans sa propriété, une école d'apiculture qui ne compte guère moins d'une centaine d'élèves venus de tous les points de la Russie. Son traducteur

Ruche de M. de Prokopovish.

ne tarit pas sur le succès immense de cette nouvelle méthode ; mais je ne saurais en juger sans être accusé de témérité. C'est, au reste, à peu près la même forme, ou plutôt la même disposition de châssis dans un corps de ruche, qu'on a pratiquée en France quelques années après ; mais, en adoptant le système russe, on a réduit considérablement les proportions de la ruche.

Une chose m'a frappé dans cet opuscule, et a suffi pour m'inspirer une certaine défiance. M. de Sablonkoff affirme que son compatriote a réuni dans son vaste jardin deux mille huit cents ruches !... Or, est-il possible que les abeilles de deux mille huit cents ruches puissent trouver de quoi subsister dans un jardin, quelque vaste qu'il soit, et lors même qu'il serait couvert de fleurs pendant toute l'année ?

M. de Sablonkoff parle, sans en donner même un simple résumé, des découvertes importantes faites par ce trop riche propriétaire d'abeilles Il assure que M. de Prokopovitsh n'a recueilli ces précieuses notions que pour les appliquer au perfectionnement de sa méthode, et non pour en tirer vanité ; en conséquence, il n'a pas jugé nécessaire de les communiquer au public, ce que nous devons sincèrement déplorer. Dans son admiration pour cet apiculteur si modeste, M. de Sablonkoff s'écrie : « En un mot, cette éducation (des abeilles), telle que M. de Prokopovitsh l'entend et l'enseigne à ses élèves, présente la réunion la plus parfaite de la science et ses applications. »

Est-ce pour nous inspirer le désir d'aller nous-mêmes puiser cette science perfectionnée à sa source, que M. de Sablonkoff s'arrête après avoir prononcé cet éloge pompeux ? et comment ne se trouve-t-il pas un seul Français dans ce vaste empire qui ait assez de patriotisme pour nous envoyer une traduction de l'ouvrage, s'il existe, ou du moins des détails précis sur les importantes découvertes de l'apiculteur russe?

Quant à la forme de sa ruche, M. de Prokopovitsh semble s'être inspiré de celle de M. Ducouëdic, par les vastes dimensions qu'il lui a données et sa division

Ruche polonaise.

en trois portions ; mais il s'en éloigne en ce que celle de l'apiculteur français est formée de trois corps de ruches ou hausses, tandis que l'autre est d'une seule pièce. Du reste, l'un et l'autre opèrent chaque année la récolte d'une des divisions.

Sous d'autres rapports, M. de Prokopovitsh laisse bien loin derrière lui les apiculteurs des autres nations. C'est lui qui le premier a imaginé les cadres mobiles dont M. Debeauvoy a profité plus tard. Et, en effet, la ruche de ce dernier n'est, à proprement parler, qu'une imitation de la case supérieure de la ruche russe. Mais ce qui fait le triomphe de cette dernière, c'est l'idée tout à fait originale de son auteur. M. de Sablonkoff, son traducteur, s'exprime ainsi à ce sujet :

« C'est à M. de Prokopovitsh qu'appartient le mérite d'avoir éloigné toutes les difficultés par une opération des plus simples, et si simple qu'on serait naturellement disposé à s'étonner de ce que cette idée a échappé jusqu'à présent à tous les agronomes. Elle consiste uniquement dans l'opération de retourner la ruche. »

M. de Sablonkoff termine en disant que l'industrie va faire d'immenses progrès, maintenant qu'on possède une ruche parfaite sous tous les rapports. La simplicité de leur construction rend, dit-il encore, ses ruches fort peu coûteuses.

J'ajouterai que les personnes qui voudraient se livrer à l'élève des abeilles d'après la méthode et avec la ruche de M. de Prokopovitsh n'ont qu'à s'adresser à la société polytechnique française ; ils y trouveront des ruches toutes faites au prix modeste de quarante à soixante francs, port non compris.

On sera peut-être curieux de connaître le système de ruche que M. de Prokopovitsh s'est proposé de remplacer, en un mot, de savoir quelle est la forme de ruche la plus usitée en Russie et en Pologne. Nous en offrons donc un dessin qui suffira pour en donner une idée.

On voit que ce n'est qu'une modification de l'antique tronc d'arbre encore en usage, non-seulement dans ces vastes contrées, mais dans une infinité de lieux. En France, les habitants de la Dordogne ont religieusement conservé cette forme de ruche.

Quelques années après la publication de l'opuscule de M. de Sablonkoff, un apiculteur français, M. Debeauvoys, offrait sa ruche à cadres mobiles comme un nouveau perfectionnement de la ruche Huber.

M. Debeauvoys avait d'abord exalté son système de cadres mobiles adapté aux ruches rondes ou en cloche; mais il déclare dans la dernière édition de son ouvrage qu'il renonce à se servir des ruches de cette forme, tant il s'en est mal trouvé. Il s'arrête définitivement à la ruche carrée, faite de préférence en bois léger.

Si la construction et la pratique de ce système de ruche sont aisées, sa description ne l'est guère ; et en lisant les instructions de l'auteur on est effrayé de la multitude de préceptes qu'il faut observer.

Dans la ruche de l'apiculteur russe, les petits châssis n'occupent qu'une partie de l'intérieur et servent uniquement à emmagasiner le miel, la reine n'y déposant jamais d'œufs. Celle de M. Debeauvoys est, par contre, entièrement garnie de châssis.

M. Féburier, qui a aussi cherché à perfectionner le système de cadres mobiles de M. Huber, n'avait changé que la forme de la ruche, qui lui paraissait pécher par son dessus plat. MM. de Prokopovitsh et Debeauvoys ont réduit les châssis à n'être qu'un accessoire contenu dans un corps de ruche.

Ces deux derniers ont ôté à la ruche Huber son caractère principal, celui d'être essentiellement une ruche d'observation ; mais, par compensation, elle a acquis, ces messieurs l'assurent du moins, un degré d'utilité publique qu'elle ne possédait pas aupara-

Ruche à cadre mobile de M. Debeauvoys.

vant. Je ne saurais établir de comparaison entre la méthode de M. de Prokopovitsh et celle de M. Debeauvoys, n'ayant pas vu pratiquer celle du premier ; toutes les deux ont été reçues avec enthousiasme et ont de nombreux partisans. L'avenir seul décidera si réellement elles sont appelées à un succès durable.

Ce n'est que par une extrême simplicité et une très-grande facilité d'exploitation qu'une invention peut se flatter de réussir. Une ruche dont les frais de construction dépassent la portée du modeste cultivateur ne pourra jamais devenir d'un usage général, et, par conséquent, ne sera jamais réellement utile.

Il est aussi difficile de populariser une ruche qui coûte de quarante à soixante francs de frais de construction, que d'exiger des travailleurs, des petits fermiers, des gens enfin qui ont des occupations sérieuses, de consacrer un temps précieux à redresser les rayons mal construits, à insinuer de nouveaux châssis au fur et à mesure des besoins des abeilles, de l'abondance ou de la rareté des fleurs. N'est-ce pas déjà un assez grand sacrifice que de veiller à la sortie des essaims, etc.? Au reste, le succès justifie les combinaisons les plus étranges; faisons des vœux pour que celui de ces messieurs ne soit pas éphémère : ils auront rendu un grand service à la société en donnant une nouvelle impulsion à l'industrie mellifère.

Maintenant, les ruches à cadres mobiles sont en grande faveur; on les a adaptées à toutes les formes, et, au moment où M. Debeauvoys annonçait devoir être obligé de renoncer à les établir dans les ruches rondes, d'autres apiculteurs exposaient aux regards des curieux des ruches en paille et en bois léger, précisément de cette forme-là. Le système russe aura-t-il autant de durée que le système écossais, dont M. Warembey est le dernier représentant?....

CHAPITRE IX

Ruches des jardins.

Après avoir passé en revue tous les systèmes d'apiculture pratiqués jusqu'à présent et toutes les formes de ruches qui en sont le complément obligé, me sera-t-il permis d'exposer la ruche que j'ai inventée et pratiquée avec succès pendant quelques années ? Si j'avais parlé de celles de mes prédécesseurs dans le but exclusif d'en faire la critique, j'aurais cru devoir m'abstenir de présenter la *ruche des jardins;* mais, je puis le dire en toute sincérité, telle n'a pas été ma pensée. Le seul motif qui m'a guidé en faisant cette revue a été de faire connaître à mes lecteurs ce qu'on a fait de plus remarquable en faveur de l'élève des abeilles. Loin donc d'avoir eu l'intention de critiquer les auteurs qui m'ont précédé dans la carrière que j'ai suivie avec plaisir pendant plusieurs années, je me suis empressé de reconnaître ce qu'ils ont fait d'utile en faveur de l'industrie mellifère. Mais en même temps il était de mon devoir de relever les erreurs qu'ils pouvaient avoir commises, puisque j'écrivais pour l'instruction de mes lecteurs ; cela ne m'a pas empêché de signaler avec bonheur tout ce qui pouvait contribuer aux progrès de l'apiculture.

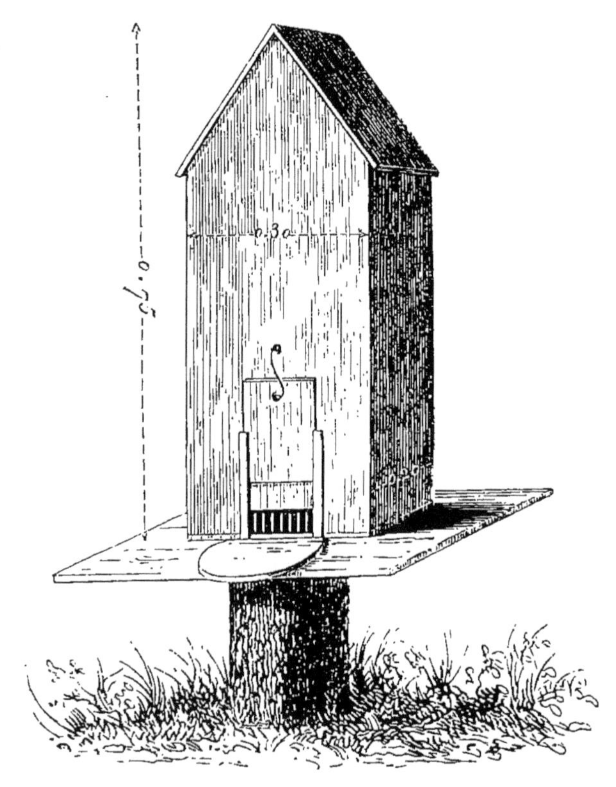

La ruche des jardins.

A l'extérieur, la ruche des jardins ressemble un peu à celles de MM. Frémiet et de Prokopovitsh, hormis que, n'étant pas abritée comme celle du premier, ni destinée à être retournée, ainsi que le veut l'apiculteur russe, elle est surmontée d'un chapiteau en forme de toit pour l'écoulement des eaux et le bien-être des abeilles. Vue à l'intérieur, elle représente assez bien ces maisons en construction, dont les divisions par étages n'ont pas encore reçu de plancher.

Intérieur de la ruche des jardins.

La ruche des jardins se compose de deux fortes planches formant les côtés, ayant $0^{m},50$ de hauteur sur $0^{m},15$ de largeur, solidement clouées avec celle qui forme le devant de la ruche, avec la planche du fond et avec celles qui servent de toit.

Celle du devant aura $0^{m},25$ de largeur et sera de

toute la hauteur dans œuvre de la ruche, dont l'élévation totale hors d'œuvre sera de $0^m,75$. Les deux planches formant le chapiteau dépasseront de $0^m,01$ ou $0^m,02$ le corps de la ruche, pour faciliter l'écoulement des eaux.

De $0^m,15$ en $0^m,15$ à partir du haut de la ruche, on posera un grillage léger composé de six ou sept baguettes triangulaires, dont un des angles sera tourné vers le bas, pour diriger le travail des abeilles, et placé dans le sens de la largeur. Un grand volet de toute la hauteur de la ruche sera retenu par deux traverses de bois au moyen de crochets ou de clous à vis recourbés. On pourra, si on le désire, le diviser en deux ou trois parties et y adapter une ou deux petites fenêtres.

L'ouverture servant d'entrée aux abeilles sera placée à fleur de tablier ou support, en formant une entaille à la planche du fond ou, si l'on veut, à fleur de cette planche. Elle sera de $0^m,08$ à $0^m,10$ de largeur sur $0,^m01$ de hauteur, et on aura soin de la garnir de clous d'épingle assez éloignés pour ne pas gêner les abeilles, mais de manière à empêcher l'introduction des animaux malfaisants, tels que les souris, les mulots, les sphinx tête de mort, etc.

Comme cette ruche n'a nul besoin de surtout ni d'abri quelconque, il faut lui donner deux ou trois couches de couleur à l'huile. Je préfère la couleur verte, qui est plus jolie, plus gaie dans un jardin, et moins sujette à être attaquée par les insectes. Quant à l'intérieur, je recommanderai d'en conserver la surface raboteuse, afin de faciliter la marche des abeilles.

La ruche des jardins ne peut certainement pas rivaliser avec elle de M. Huber pour l'observation ; car il faudrait que, sans déranger les abeilles, on pût écarter les châssis pour voir ce qui se passe. Mais ni la ruche Prokopovitsh ni celle de M. Debeauvoy ne possèdent cet avantage ; la ruche des jardins est d'ailleurs moins embarrassante à exploiter, car il suffit d'enlever la planche pour voir du haut jusqu'en bas l'état des édifices et de la récolte. Pour visiter la ruche sans danger d'être piqué, il suffit de diriger un peu de fumée sur les abeilles lorsqu'on enlève le volet ; cette fumée les met en état de bruissement, ce qui les rend tout à fait inoffensives. Elles se retirent promptement ; alors on peut visiter les gâteaux, en retrancher telle partie qu'on juge nécessaire, et cela sans aucune opposition de la part des abeilles. Comme on a la plus grande facilité pour visiter toutes les cases, soit par devant, soit par derrière, on peut choisir ce que l'on pense pouvoir être récolté.

On sera surpris que je ne recommande pas d'enlever le miel contenu dans le chapiteau ; mais, comme c'est là à peu près la quantité nécessaire aux abeilles pour passer l'hiver, je le laisse, sûr qu'elles n'auront besoin de rien, lors même que j'enlèverais tout ce que contient le corps de la ruche.

Après avoir un peu critiqué certaines parties de la méthode d'exploitation de ceux qui m'ont précédé, j'aurais mauvaise grâce à vanter ma ruche ; aussi laisserai-je ce soin aux amateurs qui, séduits par sa forme gracieuse, par le peu de place qu'elle exige, par le peu d'embarras qu'elle donne, voudront en faire l'essai.

Du reste, la ruche des jardins étant soumise à tous les inconvénients que j'ai signalés précédemment, tels que la mort d'une reine, ou sa stérilité, les toiles qui rétrécissent les alvéoles, etc., on y remédiera suivant les préceptes d'une sage pratique.

Il est un point important que je ne dois pas oublier de mentionner. J'ai dit plus haut que je ne touchais pas aux provisions contenues dans le chapiteau. Cependant il se rencontre des circonstances où cette récolte devient possible et même nécessaire. Lorsque les mauvais jours sont passés, que l'on n'a plus de disette à craindre, on peut vider le chapiteau sans danger. Si l'on voulait empêcher l'essaimage, soit dans le but de fortifier la population de la ruche ou par tout autre motif, le moyen le plus sûr serait d'abord d'enlever toutes les cellules destinées à l'éducation des mâles (on les reconnaît facilement à leur grandeur ; soixante de celles-ci occupent presque autant de place que cent du petit modèle), et ensuite il faudrait vider tout le magasin, c'est-à-dire le chapiteau. Ces deux opérations préviennent le départ des abeilles.

CHAPITRE X

Nouvelle méthode d'exploiter les abeilles au moyen de la ruche en cloche d'une pièce.

J'aurais encore bien des ruches à examiner avant de clore ma revue des méthodes d'apiculture en usage aujourd'hui ; mais comme ces ruches et ces méthodes font partie des systèmes dont j'ai déjà parlé, ce serait prolonger inutilement mes recherches sur la meilleure manière d'exploiter les abeilles.

Arrêtons-nous donc à cette antique ruche en cloche, si chère aux habitants de la campagne ; à ce vieux panier de paille ou d'osier qui, malgré sa laideur, a bravé l'anathème que lui ont lancé les auteurs de tous les pays, de toutes les époques.

Quelles peuvent donc être les causes d'un attachement si durable? car il ne faut pas croire que l'habitude seule retienne le paysan ; l'amour du changement domine aussi bien le villageois que le citadin : seulement l'un adopte sans examen, tandis que l'autre n'accepte que les nouveautés dont il a reconnu le mérite ; or, ce mérite se traduit pour lui par ces deux mots magiques : *économie* et *profit*. Les ruches qu'on lui a proposées jusqu'à présent ne remplissaient certainement point la première de ces conditions. Quant à la seconde, elle est toujours restée très-problématique à ses yeux, malgré le dire de quelques amateurs et l'appui des sociétés savantes. Et, en effet, les divers systèmes que l'on a successivement offerts aux gens de la campagne comme la dernière expression des perfectionnements possibles n'ont point survécu aux efforts réunis du temps et de la pratique, tandis que ce vieux et disgracieux panier est resté debout, regardant fièrement passer les ruches et les systèmes les plus vantés.

Pénétré de l'idée que, si l'on pouvait profiter des avantages incontestables qu'offre la ruche en cloche, et surmonter les obstacles réels qui en rendent la pratique pénible et peu profitable, on rendrait un service immense aux éleveurs d'abeilles, j'ai cherché à résoudre ce problème, et, après des études et des expériences consciencieuses, je suis parvenu au but que je m'étais proposé.

On me demandera peut-être pourquoi, dans ce cas, je propose la ruche des jardins, qui rentre dans la catégorie des inventions que je semble rejeter dans ce moment. Mais d'abord, je ne rejette aucune invention ; plusieurs de celles que j'ai examinées offrent à l'apiculteur d'incontestables avantages, que la ruche en cloche ne possèdera jamais : telle est, par exemple, la ruche des bois de M. Frémiet. Ma ruche des jardins peut aussi rendre de grands services ; mais, pour une grande exploitation, aucune ne peut remplacer la vieille ruche des paysans. Elle est la seule d'ailleurs qui soit à la portée du modeste cultivateur par l'extrême modicité de son prix. Cet avantage sera donc toujours un motif de préférence sans réplique.

Il faut ajouter aussi que, s'il y a quelque chose de répugnant dans le mode d'exploitation actuel par la ruche en cloche, le paysan, toujours avide, ne se laisse pas plus émouvoir par les sentiments d'humanité envers les abeilles qu'il n'est sensible à leurs piqûres.

Toutes ces considérations réunies font que la ruche en cloche sera longtemps encore en usage dans nos campagnes. MM. Lombard et Radouan ont conservé cette forme, me dira-t-on, et, leurs ruches n'ayant subi qu'une légère modification, le prix en est resté à peu près le même, et par conséquent à la portée du plus simple cultivateur ! Oui, cela est vrai ; mais cette légère modification, ce couvercle si facile à dépouiller, ces hausses qu'on enlève presque sans irriter les abeilles, sont précisément une cause de ruine pour l'apiculteur : aussi, les paysans qui avaient adopté cette méthode n'ont-ils pas tardé à l'abandonner pour en revenir à la ruche primitive d'une seule pièce. Ils ont même préféré reprendre leur ancienne et barbare coutume de *châtrer* les ruches ou d'étouffer les abeilles, plutôt que de cueillir presque sans peine le beau miel contenu dans le chapiteau ; car cette extrême facilité a causé la perte de presque toutes leurs ruches !... On m'objectera encore que c'est la faute de ces gens dont l'avidité ne s'est pas contentée de prendre une partie du miel mis en réserve par l'insecte prévoyant, mais a épuisé jusqu'à la dernière goutte le trésor dont M. Lombard leur a donné la clef. L'homme est ainsi fait : il prend sans mesure partout où il trouve quelque chose à sa convenance; quand vous aurez changé sa nature, vous pourrez alors lui confier sans crainte le trésor des abeilles.

Il s'agissait donc de concilier les avantages de cette ruche, dont l'antiquité est respectable, avec l'humanité envers ces petits êtres si intelligents, si industrieux ; voilà quel a été le but constant de mes efforts. Ai-je réussi dans cette tentative? une expérience de trois années, suivie d'un plein succès, me permet de répondre affirmativement, et l'extrême simplicité de ma méthode convaincra mes lecteurs de la réalité et de l'utilité de ma découverte. Cette méthode n'exige que peu de soins ; les produits sont d'une incontestable supériorité et la pratique si facile, qu'elle est à la portée de tout le monde, du plus pauvre cultivateur comme du fermier le plus riche et le plus occupé. Rien ne sera donc changé quant à la forme ; le système d'exploitation seul sera modifié ; je ne me pose point en inventeur ; j'accepte l'ancienne ruche en cloche, telle qu'elle est, sauf les dimensions, qui doivent être d'un tiers moins grandes qu'elles ne le sont d'ordinaire. Je demande enfin qu'on ne se serve pas de ruches étranglées comme on en voit quelquefois.

Cet étranglement a pour motif d'indiquer au cultivateur jusqu'où il peut tailler ses ruches; c'est pour ainsi dire un obstacle à son avidité. D'après ma méthode, cette précaution est inutile et ce col étroit ne serait propre qu'à gêner la dépouille.

Ruche en cloche.

Deux causes principales ont contribué, comme je l'ai déjà dit, à l'abandon de la ruche villageoise : l'extrême facilité de la dépouille des couvercles et la faiblesse des populations qu'on y admettait.

Mettre à la disposition du cultivateur la réserve des abeilles, c'était le tenter d'une manière irrésistible. La poule aux œufs d'or a été et sera constamment égorgée, soyons-en sûrs. C'est même encore aujourd'hui ce qui arrive dans la pratique de M. Debeauvoys;

et cependant sa ruche n'est exploitée que par cette classe plus instruite que l'on pourrait nommer la bourgeoisie des villages. Aussi, lisez son ouvrage, vous y verrez une demi-douzaine d'articles consacrés aux maladies des abeilles, sans compter le *pillage actif* et le *pillage latent*, auxquels ses ruches paraissent assez sujettes ; et cela, parce que lui aussi mettant la réserve des abeilles à la disposition de ses disciples, ceux-ci, non moins avides de beau miel que ceux de M. Lombard, mais plus riches et peut-être plus équitables, croient devoir échanger le bon miel des abeilles contre d'autres matières sucrées, miels communs, sirops, etc.

Avec un pareil régime, est-il étonnant que les maladies se multiplient et que le couvain lui-même soit attaqué d'une horrible mortalité?

Si l'on veut conserver les abeilles dans un état prospère, il faut leur laisser la nourriture que Dieu leur a destinée et que rien ne peut remplacer.

L'autre cause de décadence c'est, ai-je dit, la faiblesse des populations. Elle n'est point particulière à la ruche Lombard, et M. Radouan l'a vivement combattue; mais elle est tolérée par la plus grande partie des auteurs, qui presque tous s'accordent à recommander de nourrir les ruches faibles et les essaims, ce qui est absolument contraire au plus simple bon sens et ce dont on doit s'abtenir, hors certains cas imprévus et tout à fait exceptionnels.

D'après ce que j'ai exposé précédemment, on a vu que tous les systèmes de ruches ont été établis sur ce fait, que les abeilles cachent soigneusement leur provision de miel dans la partie de leur demeure la plus éloignée de l'entrée, la plus inaccessible, non à leurs ennemis, ce serait une fausse expression, mais aux animaux de toute espèce qui sont friands de miel. Ce n'est qu'après avoir traversé toute une population courageuse et bien armée, qu'un insecte ou un animal quelconque peut pénétrer jusqu'au magasin gardé avec tant de soin. Cette particularité des mœurs des abeilles souffre cependant une exception : c'est l'abondance des provisions arrivant à une époque où la plus grande partie des rayons sont occupés par le couvain. Alors les abeilles se voient forcées de construire ailleurs d'autres magasins, et l'apiculteur habile se hâte de profiter de cette heureuse circonstance pour prendre sa part de cette abondance inaccoutumée.

Or, pouvait-on forcer les abeilles à construire des magasins provisoires? Telle était la question dont je cherchais la solution avec ardeur, car elle me paraissait de la plus grande importance. C'était en quelque sorte la clef de voûte du système que je voulais pratiquer.

Pour obtenir cet heureux résultat, deux moyens se présentaient, également bons l'un et l'autre ; ces deux moyens réunis ne laissaient plus de doute sur la réussite de mon expérience.

Le premier consistait à n'avoir que des ruches excessivement peuplées ; le second à diminuer la capacité de la demeure des abeilles proprement dite, c'est-à-dire de l'espace particulièrement habité par la reine, dont elle ne s'écarte jamais pour pondre, et où, par conséquent, se fait l'éducation des larves.

Tous les apiculteurs savent que la reine choisit de préférence les rayons du centre pour y déposer ses œufs, parce qu'il y règne une température plus élevée et plus égale que partout ailleurs. Ils ont mis cette connaissance à profit, les uns en plaçant des boîtes ou des bocaux à la partie supérieure ou sur les côtés, d'autres en augmentant l'espace au-dessous de la ruche, ce qui permet aux abeilles de prolonger leurs rayons à volonté.

C'est à cette dernière pratique que je me suis arrêté, en lui faisant toutefois subir les modifications que les mœurs des abeilles et l'expérience exigeaient impérieusement pour en obtenir d'heureux résultats. Je me sers donc d'un cylindre ou corps de ruche de 0^{m},20 de hauteur et à peu près de la circonférence de la ruche. Mais, en plaçant la ruche sur un espace vide, comme cela se fait ordinairement, les abeilles prolongeraient leurs gâteaux selon leur habitude. La reine descendrait et viendrait pondre sur ces rayons au lieu de rester dans la partie moyenne de la ruche : c'est ce qui arrive avec les hausses de M. Radouan. Les abeilles alors placeraient leur récolte dans les rayons abandonnés par la reine : ce qui rentrerait exactement dans l'ordre de choses ordinaires. Il fallait donc empêcher la reine de se porter sur les rayons prolongés ; or, on a reconnu par des observations répétées que la reine ne traverse jamais un espace vide de rayons pour déposer ses œufs sur d'autres rayons où elle ne peut se rendre sans quitter l'ouvrage des abeilles. Est-ce parce qu'elle est trop lourde pour s'accrocher au bois souvent très-lisse de la ruche, ou par tout autre motif? je l'ignore, mais cela n'en est pas moins certain; et c'est d'après cette certitude que j'ai imaginé de poser deux rangs de baguettes entre la

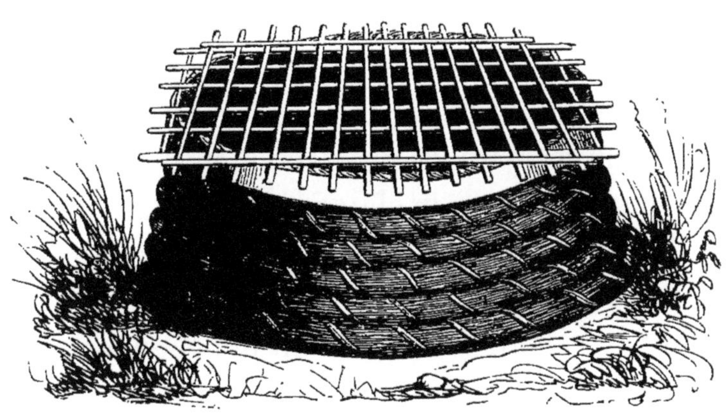

Ruche à baguettes.

ruche et le cylindre; ces baguettes devront être disposées en croix, c'est-à-dire le rang inférieur dirigé du nord au midi, par exemple, et le rang supérieur du levant au couchant.

D'après cette disposition, il est impossible qu'il y ait continuité entre les rayons, c'est-à-dire que les rayons de la ruche se prolongent dans le cylindre; il y a donc un espace vide entre la ruche et le cylindre. Cela suffit pour empêcher la reine de continuer sa ponte au delà du grillage.

De ces deux grillages, l'un est retenu à la partie supérieure, c'est-à-dire à la ruche, par les abeilles elles-mêmes, qui y collent l'extrémité descendante de leurs rayons, et l'autre, qui reste libre, peut être facilement enlevé avec les rayons que les abeilles ont édifiés en les suspendant au-dessus de l'espace vide. On voit que la séparation est aussi complète que possible sans isoler pour cela les travaux, et sans nuire en aucune manière à la communication qui doit exister entre la partie supérieure et la partie inférieure de la ruche.

Quand les abeilles ont rempli la ruche, ce qui leur est aisé, vu son peu de capacité, elles continuent leurs travaux dans le cylindre et suspendent, ainsi que je l'ai dit, leurs rayons à la claie inférieure. De cette manière, il est très-facile de séparer la ruche du cylindre ; on peut le faire sans secousse, sans irriter aucunement les abeilles. Cependant j'engage les apiculteurs à ne jamais se risquer dans aucune opération de ce genre sans avoir auparavant mis les abeilles en état de bruissement [1]. C'est une précaution que la plus simple prudence commande.

Ce système n'a aucun rapport avec les ruches à

[1] Lorsqu'on frappe contre la ruche, les abeilles étonnées font entendre d'abord un fort bruissement qui ne dure néanmoins qu'un instant; un deuxième et un troisième coup excitent leur colère : elles sortent pour reconnaître la cause de ces coups, prêtes à se jeter sur le perturbateur. Mais si les coups se succèdent rapidement, elles finissent par éprouver une véritable crainte, qui se manifeste par un bourdonnement prolongé; dans cet état, qu'on appelle *bruissement*, les abeilles ne sont nullement redoutables; on peut les visiter sans danger d'en être piqué : la peur paralyse entièrement leur courage. On prétend que cette terreur a pour cause le péril où se trouve la reine. Quelques bouffées de fumée suffisent pour mettre les abeilles en *état de bruissement*.

hausses, qu'on ne peut ôter sans troubler profondément les abeilles. D'ailleurs, en prenant successivement chaque hausse, à commencer par celles du haut, on ne récolte qu'une cire très-brune et un miel tellement mélangé, travaillé par les abeilles, qu'il a perdu non-seulement sa blancheur et sa transparence, mais aussi son parfum distingué, pour ne plus offrir qu'une substance brunâtre, mate, dont l'odeur a quelque rapport avec celle qui s'exhale d'une vieille armoire où l'on a conservé certaines fleurs en usage pour faire des décoctions aux malades.

On m'objectera peut-être que, lorsque je m'empare enfin du miel de la ruche elle-même, je ne trouve pas autre chose, et cela est vrai. Mais cette récolte, quoique abondante, du moins en cire, ne forme qu'une faible partie de celle qui fait l'objet de ma culture. Je ne touche aux provisions de la ruche qu'à une époque particulière que je désignerai plus tard, et alors je prends tout ce qu'elle contient.

Il s'agissait d'éviter le rétrécissement des alvéoles, l'introduction des teignes et plusieurs inconvénients qui naissent du long usage des édifices comme berceaux, comme dépôt de pollen ou magasin de miel.

Le moyen le plus sûr d'obtenir de tels résultats était incontestablement de ne pas conserver les ruches au delà d'un certain temps dont la nature indiquait clairement l'époque; car il suffisait d'observer quel était le moment où une population déployait le plus d'ardeur au travail, était le moins sujette aux accidents qui surviennent aux ruches, tels que la mort de la reine, la diminution des travaux, l'envahissement de la fausse teigne et enfin l'invasion des poux qui tourmentent les abeilles.

L'expérience a toujours démontré que cette époque de force et de prospérité est celle qui suit l'établissement de l'essaim, qu'elle se prolonge jusqu'à la fin de la seconde année et dépasse rarement la troisième [1].

En maintenant donc les abeilles dans les heureuses conditions de l'essaim nouvellement établi, ou plutôt en ne conservant jamais de vieilles ruches, j'évite les inconvénients que j'ai signalés, je profite de l'ardeur et de l'activité prodigieuse que les abeilles déploient pendant cette période, et enfin je n'ai pas sans cesse sous les yeux le triste spectacle d'une population faible et languissante pendant la saison des fleurs, nombreuse et affamée lorsqu'il n'y en a plus.

J'ai dit que je ne touchais aux provisions que contenait la ruche qu'à une époque déterminée, et qu'alors je prenais tout ce qui s'y trouvait.

Cette époque est celle où la ruche ne renferme plus de couvain, ou du moins où il n'en reste presque plus ; cela dépend, non de notre volonté, mais de circonstances particulières bien aisées à apprécier.

[1] Je ne parle ici qu'en général, et je n'ignore point qu'il y a de nombreuses exceptions à cette règle : exceptions qui proviennent presque toujours des soins bien entendus que l'on prodigue aux abeilles. Ces détails s'adressent à l'éleveur en grand, et non à l'amateur.

On sait que la reine mère conduit toujours le premier essaim ; c'est maintenant un fait incontestable.

Lorsqu'elle se met à la tête de l'émigration, les jeunes reines ne sont pas encore en état de conduire une nouvelle colonie. Cependant un second essaim peut sortir huit ou dix jours après le premier. La reine qui le dirige, étant toujours vierge, n'a pu déposer d'œufs avant son départ. Il en est de même du troisième essaim, qui émigre trois ou quatre jours après le second. La jeune reine qui reste maîtresse de la place ne pond que quelques jours après ; quelquefois même elle sort, accompagnant une quatrième colonie.

D'après ce calcul, on peut se rendre aisément compte du moment le plus favorable pour transmuter les abeilles qui restent, sans avoir à se reprocher le sacrifice d'un nombreux couvain. Il arrive parfois qu'on ne trouve ni œufs ni larves, et pas même de nymphes. En choisissant cette époque pour faire passer les abeilles de la vieille ruche dans une ruche déjà peuplée, on peut s'emparer de tout ce qu'elle contient sans faire le sacrifice d'une population naissante.

Dans les paniers de grande dimension, on peut récolter de un à deux kilogrammes de cire, et quelquefois, si la saison a été favorable, de quatre à dix kilogrammes de miel et même davantage. Or, la taille ordinaire est bien loin de donner de tels résultats.

Maintenant je dois détruire d'avance une sérieuse objection qu'on pourrait élever contre l'adoption de cette méthode. On me dira sans doute qu'il est très-aisé de procéder ainsi, alors qu'il s'agit d'une ruche qui a essaimé, mais qu'il n'en saurait être de même à l'égard de ces ruches qui s'obstinent à ne point envoyer de colonies, quoiqu'elles soient bien peuplées et pourvues d'abondantes provisions.

Il existe un moyen bien simple de parer à cet inconvénient. Comme on a toujours des essaims moins forts, des ruches moins peuplées que d'autres, on chasse les abeilles de la ruche rebelle aussitôt après la saison des essaims, en ayant soin cependant de laisser à peu près un quart de la population, dont on s'empare. Ce quart suffit pour continuer l'éducation du couvain qui s'y trouve à cette époque. Le gros de la population peut alors être introduit avec les précautions nécessaires dans la ruche que l'on veut fortifier et qu'on a eu soin de mettre à la place de celle qu'on a dépouillée. Celle-ci sera portée dans un endroit isolé, où on la laissera en repos pendant dix-huit ou vingt jours. Ce temps suffit pour l'éclosion de tout le couvain qui existait lorsqu'on s'est emparé des abeilles. On achève alors l'opération commencée, c'est-à-dire qu'on fait passer toutes celles qui s'y trouvent dans la ruche la moins peuplée. Cela fait, on peut emporter la ruche pour la dépecer à loisir.

Au reste, les personnes qui suivront ma méthode éprouveront rarement cet embarras; car il est reconnu que les ruches dont la population est nombreuse, qui ont à leur tête une jeune reine forte et féconde, et des provisions abondantes dans leurs magasins, essaiment presque toujours.

Ayant reconnu que l'essaimage naturel est le plus convenable pour obtenir de beaux résultats, je le favorise de tout mon pouvoir. Aussi, au retour de la belle saison, mes abeilles étant nombreuses, bien approvisionnées, et n'ayant subi aucune atteinte de la dyssenterie, puisque par une taille mal raisonnée on ne les a pas privées de pollen, elles peuvent envoyer dans les premiers jours de mai une forte colonie, sans se trouver ensuite trop affaiblies ; cette colonie, se trouvant établie à une époque où les fleurs sont abondantes, prospérera à son tour.

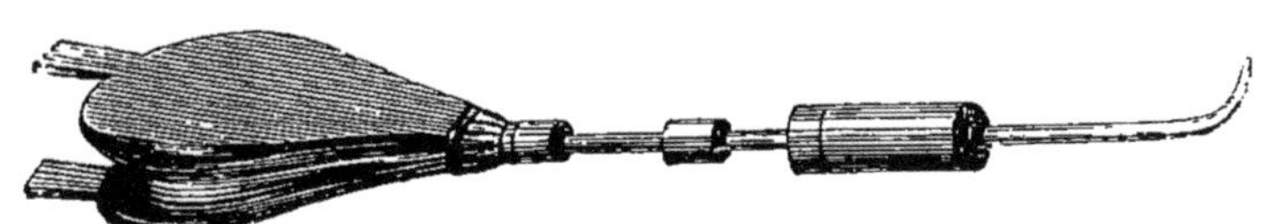

Enfumoir adapté à l'extrémité d'un soufflet.

J'ai parlé de réunir des populations diverses ; cette opération demande quelques précautions. Il faut d'abord mettre les abeilles en état de bruissement en les enfumant avant la réunion ; puis il est nécessaire de réitérer les bouffées de fumée à deux ou trois reprises, d'abord afin d'opérer un mélange complet, et ensuite parce que cette fumée déguise leur odeur naturelle et les empêche de se reconnaître entre elles. On se sert à cet effet, soit d'un enfumoir adapté à l'extrémité d'un soufflet ordinaire, soit d'une canne creuse, espèce de tuyau de fer battu, long d'un mètre, environ. A l'une de ses extrémités on adapte l'enfumoir, petit tube divisé intérieurement par une toile métallique; par ce dernier moyen, on est dispensé d'avoir un aide, et, comme les abeilles enfumées ne sont nullement redoutables, on peut souffler soi-même avec la bouche, conduire l'enfumoir d'une main et opérer de l'autre. Il est très-rare que l'on soit piqué.

Lorsque tout est préparé pour le transvasement des abeilles, on dispose la ruche à opérer comme il a été dit précédemment, sans avoir besoin de tenir les abeilles prisonnières; ce qui au reste serait impossible, puisqu'il faut se réserver un espace pour y introduire l'extrémité de l'enfumoir.

Bientôt les abeilles se mettent en état de bruissement, puis elles se dirigent vers la ruche supérieure, montent le long de ses parois et abandonnent pour toujours leur ancienne demeure. Il ne faut point se hâter; il est nécessaire d'aller peu à peu et de ne pas leur envoyer trop de fumée à la fois : car la fumée les aveugle, et alors, au lieu de quitter les rayons, elles s'y cramponnent et se fourrent dans les cellules, d'où il est impossible de les déloger. En agissant avec douceur, on est bientôt maître de la vieille ruche, où souvent on ne retrouve pas une seule abeille. On voit combien il est aisé d'opérer ces réunions.

En résumé, ma méthode conduit aux résultats suivants : elle procure de la cire en abondance; elle renouvelle les ruches à peu près chaque année, et ainsi elle les soustrait aux ravages des fausses teignes; les alvéoles ne servant guère qu'une saison, leur capacité n'est point diminuée par les toiles dont les larves les tapissent et que les abeilles ne peuvent enlever ; ces dernières peuvent acquérir toute la grandeur et la force de celles qui naisssent dans les conditions les plus favorables ; les reines âgées, incapables de travailler à la propagation de l'espèce, sont forcées de céder la place à de plus jeunes, plus actives et plus fécondes.

Mais revenons à nos cylindres. En en faisant usage, on pourra facilement se procurer un miel supérieur en qualité à celui qui se récolte par les procédés ordinaires, sans tracasser les abeilles, comme on le fait en se servant des ruches à cadres de MM. de Prokopovitsch et Debeauvoys, et sans être obligé de passer un temps précieux à des opérations délicates, à des manipulations assez désagréables et toujours fort longues et fort minutieuses, suivant le dire même de ceux qui les conseillent.

Chaque espèce de fleur a une odeur qui lui est propre, et donne un miel dont les qualités sont particulières. Le mélange de tous ces parfums, qui se neutralisent l'un l'autre, n'est ordinairement pas très-agréable. Il en est de même pour les qualités. Ainsi, le nectar que les abeilles recueillent sur la fleur de l'oranger diffère totalement de celui qu'elles puisent sur les bruyères, etc. C'est là un fait sur lequel je n'ai pas besoin d'insister.

Ceci posé, on comprend que chaque fleur paraissant à une époque donnée, si l'on récolte exclusivement le miel provenant d'une seule espèce de fleurs, il en aura le parfum, et il participera des qualités de la plante dont il aura été extrait.

Or, d'après les anciennes méthodes, il est impossible de jouir de ces diverses espèces de miel ; on est même forcé de se contenter de celui que les abeilles ont mélangé en le transportant d'une partie de la ruche dans l'autre. J'ai pu m'assurer que c'était là une de leurs occupations favorites.

D'après ma méthode, la ruche supérieure, de moindre dimension que l'ancienne, est occupée en partie par le couvain ; les abeilles n'y trouvent donc pas de place vacante, le haut étant toujours plein de miel réservé pour leurs besoins ; elles sont pour ainsi dire forcées de laisser le miel là où les butineuses l'ont déposé, du moins jusqu'après la grande ponte de la reine.

Une fois les cellules devenues libres par la naissance ou plutôt la sortie des jeunes abeilles, le miel est transporté dans la partie supérieure ; mais comme je n'attends pas ce moment et que je récolte chaque fois qu'il se trouve une certaine quantité de miel dans le cylindre, j'évite aux abeilles un travail inutile.

Lors donc que le cylindre renferme quelques beaux rayons de miel du poids de deux ou trois kilogrammes environ, je n'attends pas plus longtemps pour m'en emparer ; car il vaut mieux renouveler cette récolte que de laisser aux abeilles le temps de *travailler* le miel et la cire comme elles ont l'habitude de le faire.

J'ai déjà dit en quoi consiste le travail que les abeilles font subir au miel. Quant à la cire, elles emploient un temps considérable à la réédification des rayons.

Cette opération, chef-d'œuvre de leur industrie, étant sans utilité pour nous, et même nuisible à la couleur du miel, qui devient plus jaune dans les cellules réparées, il vaut mieux l'empêcher lorsqu'on le peut que de la laisser faire. Voici en quoi elle consiste.

La cire vierge est très-blanche ; mais plus tard elle prend une belle couleur dorée, ou plutôt rousse ; elle finit peu à peu par devenir presque noire et entièrement opaque.

Plusieurs auteurs ont attribué ce changement de couleur à la chaleur de la ruche, ou à l'humidité qui y règne, et même à ces deux causes réunies. Il n'en est rien. En voici la preuve. Plusieurs fois j'ai renfermé des rayons neufs et vierges encore dans des ruches très-peuplées, en prenant tout simplement la précaution de les tenir hors de la portée des abeilles au moyen d'une toile métallique.

J'ai toujours remarqué que, malgré un long séjour au centre de la ruche, exposés à la chaleur et aux vapeurs humides auxquelles on attribue la couleur plus ou moins foncée de la vieille cire, ces rayons restaient parfaitement blancs, tandis que ceux qui dataient de la même époque étaient devenus d'un brun foncé.

Il suffit d'ailleurs de visiter l'intérieur d'une ruche

pendant les chaleurs; on pourra se convaincre que la couleur obscure que prennent successivement les rayons est due à un travail particulier des abeilles. J'ai observé de plus des rayons dont une partie seulement avait pris une nuance jaune, ce qui ne pouvait être attribué qu'à un travail partiel des abeilles. Ces observations coïncident parfaitement avec les expériences que M. Huber a tentées sur ce sujet, et que j'ai vérifiées avec le plus grand soin. M. Huber nous a laissé de précieux détails sur le travail des abeilles à cette occasion, et il attribue justement la peine qu'elles se donnent de reconstruire leurs admirables édifices à la nécessité d'adjoindre la propolis plus tenace et plus forte à la cire qu'elles avaient employée pure en commençant. En effet, les cellules blanches sont extrêmement friables dans les temps froids; elles s'amollissent trop par la chaleur; elles ne pourraient pas, sans cette précaution, soutenir le poids du miel ou du couvain. Mais ce travail est en pure perte pour nous; il leur prend un temps précieux dans un moment où les fleurs abondent. Il ne faut donc pas attendre que les grillages se garnissent d'un plus grand nombre de rayons; il est au contraire plus avantageux de récolter deux fois qu'une. Les abeilles travaillent avec plus d'activité; si on leur rend le même grillage, auquel on a laissé un commencement d'ouvrage, elles s'empressent de réparer la perte qu'on leur a fait éprouver.

On sait que le miel conservé en rayons se vend beaucoup plus cher que celui qui a été coulé, quelle que soit sa beauté. Il n'est pas rare d'en rencontrer chez les marchands de comestibles du prix de six francs le kilogramme, tandis que le miel en barrique ne s'élève guère au-dessus de trois francs. Dans le temps de la floraison des acacias, on obtient du miel sentant la fleur d'oranger, car il y a une très-grande analogie entre le parfum de l'une et de l'autre fleur. Le tilleul donne aussi un miel très-estimé, et une foule de plantes aromatiques peuvent nous offrir un miel qui participe aux parfums délicieux de plusieurs d'entre elles, ainsi qu'à leurs qualités médicinales.

Cette méthode a aussi cela d'avantageux, que ne touchant pas à la partie supérieure de la ruche, on est assuré que les abeilles ne manquent de rien pendant la mauvaise saison. En outre, il est très-rare qu'elles déposent du pollen dans le cylindre; le miel qu'on y récolte est donc tout à fait exempt de ce mélange qui lui donne une apparence trouble et lui communique un goût sauvage qui est loin d'être agréable.

Lorsque la saison des fleurs est passée, les abeilles cessent de travailler sous le grillage. Alors on enlève le cylindre, et on remet la ruche telle qu'elle était auparavant, avec l'assurance de n'avoir enlevé que le superflu.

La fécondité de la reine, une population nombreuse, active et bien portante, l'abondance des provisions, doivent nécessairement favoriser la sortie des essaims; en effet, on peut être assuré de les obtenir quinze jours au moins avant l'époque ordinaire. On ne saurait se figurer la prodigieuse différence qui existe entre deux essaims dont l'un est sorti quelques jours seulement avant l'autre.

Mais voyons d'abord quelles sont les conditions d'un bon essaim.

Un bon essaim pèse ordinairement de deux kilogrammes à deux kilogrammes et demi. On en voit même qui dépassent ces chiffres, mais ces cas sont assez rares.

Un kilogramme d'abeilles vivantes et bien approvisionnées, comme elles le sont en quittant la mère ruche, se compose d'environ sept mille abeilles, et non de dix ou onze mille, comme l'avancent certains auteurs qui ont sans doute calculé d'après des abeilles mortes et desséchées. Ainsi la population d'un fort essaim peut s'élever de quinze à vingt mille individus, ce qui est déjà fort raisonnable.

Un essaim médiocre ne se compose guère que de huit à douze mille abeilles, et les petits essaims du mois de juillet comptent à peine de trois à six mille individus.

La population d'un fort essaim, composé comme je l'ai dit, de quinze à vingt mille abeilles, pourra amasser avec d'autant plus de facilité d'abondantes provisions, que les abeilles sont en nombre suffisant pour pourvoir à tous les besoins du ménage, à l'éducation du couvain, à la garde et à la ventilation de la ruche, sans négliger la récolte du miel ni la construction des magasins.

Dans les journées les plus favorables à la sécrétion du miel, les abeilles redoublent d'activité. On a remarqué qu'elles peuvent rapporter leur poids de miel en faisant trois ou quatre voyages par jour, Or, bien qu'elles en fassent un plus grand nombre, établissons notre calcul sur cette donnée. Comme on pourrait douter de l'exactitude d'une semblable assertion, je veux prouver que rien n'est plus aisé. Voulant savoir au juste combien une forte population pouvait récolter de miel en un jour, et comparer ce résultat à celui d'une ruche faible, j'avais imaginé de placer quelques ruches sur une espèce de balance, et chaque soir je prenais note de l'augmentation ou de la diminution de pesanteur de mes ruches. Il m'était bien facile de le savoir, à quelques grammes près, au moyen de poids que j'ajoutais ou que je retranchais. Je pouvais ainsi me rendre compte de la consommation journalière des abeilles en les pesant soir et matin, et comparer la différence des produits d'une ruche faible avec ceux d'une ruche bien peuplée, toute proportion gardée. Or, d'après mes expériences, je puis établir les calculs suivants.

Supposons un essaim logé dans sa nouvelle demeure le 20 mai; s'il pèse deux kilogrammes et demi, et qu'il y ait eu du 20 mai au 20 juin dix jours de grande récolte, dix de médiocre, et dix jours de récolte à peine suffisante pour la subsistance de la peuplade, la récolte s'élèvera à trente kilogrammes. Il faut en retrancher la moitié qui aura servi à la nourriture du couvain et des abeilles; reste donc quinze kilogrammes. Eh bien ! ces quinze kilogrammes seront évidemment le bénéfice que l'essaim précoce aura produit en sus de ce qu'aurait donné un essaim sorti un mois plus tard.

Là ne se bornent pas les avantages que le premier essaim aura sur l'autre.

Les provisions étant abondantes et les abeilles nombreuses, elles pourront construire des édifices en suffisante quantité pour élever tous les œufs pondus par la reine, ce qui augmentera prodigieusement la population : car, si cette reine est féconde, elle pondra de deux à trois cents œufs par jour, quantité énorme, mais qui n'est point exagérée, puisque, dans une bonne année, une ruche peut envoyer jusqu'à quatre colonies, fortes, l'une dans l'autre, de dix mille individus.

Dans les années très-favorables, la ponte s'élève même quelquefois jusqu'à soixante mille œufs !...

Or, voici quels sont les résultats d'une forte population.

D'après des expériences répétées, on peut regarder comme une chose positive qu'il faut douze mille abeilles pour que les travaux ne soient pas interrompus, même dans la saison la plus favorable. Si un essaim est composé de vingt mille individus, non-seulement la prodigieuse fécondité de la reine sera utilisée en entier, mais l'excédant de la population sera employé à l'approvisionnement de la ruche. Il est facile de concevoir que deux kilogrammes d'abeilles faisant, sans qu'aucun des travaux intérieurs en souffre, trois et même quatre ou cinq voyages par jour, la récolte sera bientôt assez abondante pour qu'on puisse en prendre une partie sans nuire aux travaux. Au contraire, l'essaim qui ne quitte la mère ruche que le 20 juin arrive bientôt à une époque où le petit nombre de fleurs que le soleil n'a pas desséchées ne contient que fort peu de miel. Les abeilles se trouvent alors forcées de suspendre la construction des alvéoles destinés à l'accroissement de la famille, et la ponte de la reine est sacrifiée, chose très-fâcheuse sous tous les rapports : car la population n'augmente pas, et, si l'automne est peu favorable, la ruche est en grand danger de ne pouvoir passer l'hiver[1].

On comprendra facilement quels sont mes motifs en recommandant aux apiculteurs de ne garder que des ruches très-peuplées, puisque sans cela il n'y a que des mécomptes à attendre, au lieu de profits certains.

[1] J'ai compté près de cinquante mille alvéoles dans une ruche bien peuplée ; environ huit mille étaient occupés par des œufs, des larves et des nymphes, quatre ou cinq mille par du miel clarifiée et du pollen, et une dizaine de mille par du miel pur. Le reste était entièrement vide.

QUATRIÈME PARTIE

ESSAIMS NATURELS ET ARTIFICIELS

CHAPITRE PREMIER

Des signes de la prochaine sortie des abeilles

Plusieurs personnes m'ayant avoué qu'après avoir lu ce qui a été publié sur les essaims en général, elles s'étaient aperçues que la pratique différait beaucoup des descriptions qu'elles avaient trouvées dans les livres, et qu'elles eussent été fort embarrassées de recueillir elles-mêmes un essaim en suivant les instructions écrites même par les auteurs les plus recommandables, cet aveu m'a engagé à suivre une marche différente et à présenter ces détails pratiques d'une manière plus frappante. En conséquence, j'ai pensé devoir mettre en action les divers épisodes qui précèdent, accompagnent et suivent le départ des abeilles. Pour cela, je n'avais qu'à rapporter les faits intéressants et instructifs dont j'avais été témoin en diverses circonstances, et particulièrement chez M. X.... Ces détails s'offraient tout naturellement à mon souvenir, et je n'y ai ajouté que les instructions nécessaires pour donner une idée complète de ce qu'il est indispensable de faire dans certaines circonstances difficiles.

M. X.... recevait quelquefois ceux d'entre ses voisins qui s'occupaient d'apiculture, et, dans ces réunions, on se faisait mutuellement part des perfectionnements apportés à l'élève des abeilles. Plusieurs avaient adopté l'usage des essaims artificiels, comme donnant moins d'embarras ; mais M. X.... avait sagement écarté cette méthode, qui n'est bonne et utile que dans des circonstances exceptionnelles.

« Seriez-vous bien aise, messieurs, leur dit-il un jour, d'assister en qualité d'amateurs à l'essaimage de mes ruches? voilà le temps qui se met au beau. Nicollet, mon garde-chasse, homme très-habile, très-adroit, et de plus prophète, car il prédit presque à coup sûr le beau et le mauvais temps, vient de m'affirmer que demain trois ou quatre de mes ruches doivent jeter leur essaim. »

Cette proposition de M. X.... causa un certain embarras.

« Sans doute, répondit enfin M. Montrésor, la proposition n'est pas à dédaigner. Mais avez-vous des masques en suffisante quantité pour autant de personnes?

— J'en ai deux à votre disposition, répliqua M. X... Mais je vous ferai observer qu'en nous bornant au rôle de simples spectateurs, nous n'avons absolument rien à redouter des abeilles. Un essaim tout entier viendrait se poser sur votre tête, qu'à moins de faire des gestes ou des grimaces, il n'est pas une abeille qui songeât à vous piquer.

— Ah! en pareil cas, je défierais bien l'homme le plus courageux de rester impassible et immobile, repartit M. Montrésor.

— Aussi je ne vous engagerai pas à servir de point de réunion à l'essaim, soyez-en sûr. Permettez-moi de vous citer un fait de ce genre arrivé chez M. Lombard, et dont il rapporte les détails dans la dernière édition de son ouvrage, que j'ai là sous la main :

« Une jeune personne qui craignait les abeilles a « été guérie de la peur qu'elles lui inspiraient par le « fait que voici :

« Un essaim part, la reine s'abaisse à quelque dis- « tance du rucher; j'appelle la jeune personne pour « la lui montrer. Je prends cette reine; elle veut la « voir; je lui fais mettre ses gants, et la lui donne « dans la main droite, que je lui fais étendre. Nous « sommes bientôt environnés des abeilles de l'essaim. « On m'apporte un fichu clair avec lequel je lui « couvre la tête et les épaules; l'essaim fut bientôt « fixé à sa main, d'où il pendait comme à une branche « d'arbre. La jeune personne était au comble de la « joie et si rassurée qu'elle me dit de lui découvrir le « visage. Toute la famille et des voisins étaient ac- « courus; c'était un charmant spectacle. On m'ap- « porta une ruche, et en frappant un coup modéré « sur le poignet, l'essaim fut logé sans accident. Ma-

« demoiselle nous dit qu'il était léger comme un pa-
« quet de plumes. »

— Eh bien ! puisque vous voulez piquer notre amour-propre en attendant que les abeilles essayent de piquer notre peau, je ne dois pas me montrer plus pusillanime qu'une jeune fille. Ainsi, continua M. Montrésor, nous acceptons de grand cœur votre proposition.

— Je vous attends donc demain à une heure.

— Mais, s'écria une des personnes présentes, depuis quand peut-on commander aux abeilles et les obliger à presser ou retarder le moment de leur départ ?...

— Il est vrai qu'il serait assez difficile de s'en faire obéir, surtout dans une pareille circonstance ; aussi ce n'est point là le moyen que j'emploie : mes ruches sont abritées par de grands arbres qui empêchent les rayons du soleil de parvenir jusqu'à elles. A midi et demi ou une heure au plus tard, il vient cependant les éclairer tout à coup à travers un espace vide, et alors les abeilles forment au-devant de leur demeure ce que les apiculteurs nomment un soleil d'artifice. Or, depuis trois ans qu'elles sont à cette exposition, j'ai remarqué que mes abeilles choisissent ce moment pour essaimer. Il arrive bien parfois qu'elles sortent plus tôt ou plus tard ; mais comme Nicollet m'a prévenu qu'il y a au moins cinq essaims à espérer pour ces jours-ci, nous aurions bien du malheur s'il ne s'en présentait pas un ou deux. »

Cette explication était trop péremptoire pour ne

pas convaincre tout le monde; on promit d'être exact au rendez-vous.

Vers le soir, M. X..... et un de ses amis se dirigèrent vers le rucher, où ils trouvèrent le garde-chasse en observation.

« Eh bien! mon brave, lui dit son maître, comment vont nos ruches cette après-dînée? Donnent-elles toujours des signes de prochaine sortie?... Il serait assez désagréable d'avoir invité tant de monde pour assister à l'essaimage, s'il ne devait pas avoir lieu!....

— En effet, dit M. de Lémansfeld, ce serait tout à fait contrariant; vous vous trouveriez dans la situation de ces *impresari* qui annoncent avec grand bruit une représentation extraordinaire, puis, au moment de lever le rideau, se trouvent obligés de venir offrir au public de très-humbles excuses par suite de l'indisposition subite de la *prima donna !*

— Ne craignez rien, messieurs, répliqua Nicollet; tout arrivera comme je vous l'ai dit tantôt; nous aurons même plus d'essaims que je ne le pensais d'abord.

— Oh! tant mieux, tant mieux, fit M. X... Eh bien! passons toutes les ruches en revue; examinons-les les unes après les autres...

— Gardez-vous-en bien, dit aussitôt le garde-chasse; déranger les abeilles au moment où elles se disposent à essaimer, cela pourrait retarder et peut-être même empêcher tout à fait leur sortie.

— Dans ce cas, repartit M. X...., contentons-nous

de les observer en passant. Commençons par celle-ci ; elle me paraît assez peuplée ; il y règne un bruit de travail très-significatif, car ce n'est pas la chaleur du soleil qui le produit.

— Oui, monsieur a raison ; c'est un bruit de travail, et pas autre chose. Ce panier pourra jeter plus tard ; mais ce n'est pas de là que sortiront les abeilles demain ; d'ailleurs monsieur sait que le soleil n'y donne guère passé six heures du matin, ainsi que sur toutes celles qui sont de ce côté de la prairie.

— C'est vrai, Nicollet, c'est très-vrai ; mais elles sont donc toutes en retard de ce côté.

— Oh ! non, monsieur ; en voici une qui jettera demain, si rien ne vient la contrarier d'ici ce temps-là ; ce sera même le premier essaim de cette année.

— Vers quelle heure ? demanda M. de Lémansfeld.

— Avant onze heures, si je ne me trompe, répliqua le garde-chasse. Écoutez : entendez-vous ces petits sons clairs, qui ressemblent à ceux d'une trompette en miniature ?

— Ma foi, la comparaison est très-juste, fit M. X..., qui écoutait l'oreille collée contre les parois de la ruche.

Nicollet ayant ôté le capuchon qui la recouvrait, M. de Lémansfeld se pencha à son tour, prêtant une oreille attentive à ces mille petits bruits qui se font entendre dans une ruche bien peuplée : on eût dit à les voir qu'il s'agissait d'ausculter un malade et de déterminer si les battements du cœur se faisaient régulièrement ou si la poitrine était embarrassée.

« Quel tapage! quelle confusion de sons de toute espèce! quel babil intarissable! s'écria M. de Lémansfeld.

— Vous croyez donc, mon ami, que les abeilles ont réellement la faculté de parler ?

— D'après nos idées, non certainement, je ne le pense pas. Mais, comme la nature n'a rien créé d'inutile, je ne vois pas pourquoi elle aurait donné aux abeilles le pouvoir de former des sons et d'en varier les modulations à l'infini, si elle n'eût pas eu pour but de rendre cette faculté utile à quelque chose. Croyez-vous qu'elles auraient été douées de cet avantage dont la plupart des autres insectes sont privés, si la Providence n'avait eu en le leur accordant des vues toutes particulières? Voyez les guêpes et les fourmis ; ces peuplades muettes sont également privées de l'organe de l'ouïe. Or, vous aurez pu vous convaincre que les abeilles entendent fort bien et comprennent la valeur de certains sons, ainsi que tous les insectes qui savent en produire. La cigale, n'ayant d'autre désir que celui de trouver une compagne, n'a qu'une seule note à sa disposition. Les abeilles, ayant une multitude de besoins et une grande diversité d'occupations, savent varier les modulations de leur voix. Écoutez, voici la voix de la reine ; quel silence profond!... Pourriez-vous nier après cela que cet appel, ce signal, ce commandement, quel que soit le nom que vous lui donniez, n'ait été entendu et compris de toute la population ?

— Oh ! je n'en saurais douter, répliqua M. X... ; cette voix forte et claire est bien celle de la reine. Elle seule pouvait produire une telle émotion parmi les abeilles et causer ainsi une suspension momentanée de tous les travaux. Cela est vraiment extraordinaire.

— Eh bien ! reprit M. de Lémansfeld, je dis comme Nicollet, cette ruche ne saurait tarder à essaimer. »

Nicollet ajouta qu'à l'heure où le soleil avait éclairé la ruche, les abeilles en étaient sorties en grand nombre, formant comme une espèce de cascade audevant de leur demeure. Il fit aussi observer que l'entrée et le fond de la ruche paraissaient humides, ce qu'il attribua à la transpiration des abeilles.

« Les auteurs qui ont écrit sur les abeilles, dit M. X...., prétendent qu'un des signes les plus certains de la prochaine sortie des essaims, c'est quand elles se tiennent au dehors de la ruche en un ou plusieurs groupes. Ils prétendent même que ce sont celles qui doivent accompagner la reine qui reste là en attendant, suspendues en grappes plus ou moins fortes. Or, je ne vois ces essaims défaillants, comme ils les nomment, à aucune de mes ruches.

— C'est que, vos ruches étant abritées convenablement des rayons du soleil, la température intérieure ne s'y élève pas au delà du degré nécessaire aux besoins des abeilles ; elles ne sont point obligées d'en sortir pour éviter l'asphyxie, ou la chute des rayons, chose assez commune dans les ruches exposées à l'ardeur du soleil. »

En continuant leur visite, ils arrivèrent auprès des ruches que Nicollet avait désignées plus particulièrement comme devant essaimer le lendemain.

Les abeilles n'avaient pas cet air actif, empressé que l'on remarquait dans les autres ruches. Tantôt les gardes se promenaient tumultueusement devant l'entrée, tantôt elles la laissaient entièrement libre, comme si la ruche n'avait pas eu besoin d'être gardée.

« Est-ce d'après toutes ces apparences que vous jugez de la sortie des essaims pour demain ? demanda M. X....; n'avez-vous pas recours à d'autres indices ?

— Pardonnez moi, monsieur, répondit Nicollet. Un ou deux de ces indices n'ont guère de valeur séparément, mais plusieurs réunis ensemble donnent presque la certitude d'un prochain jeton. Ce qui m'assure qu'il y aura demain des essaims, c'est que le temps se prépare à l'orage. Voyez, du côté du soleil couchant, ces légères nuées d'un rouge si vif, et du côté opposé cette espèce de brouillard. Regardez ces arbres dont pas une feuille ne bouge.

— Oui ; mais, si l'orage a lieu cette nuit ou demain matin, adieu les essaims, dit M. X....

— Ce ne sera pas cette nuit, ni demain matin, que nous aurons de l'orage, répliqua le garde-chasse. Les grenouilles vertes, les cigales se taisent, et les canards restent tranquilles au bord de l'eau. Si le temps se brouille, ce ne sera que dans l'après-dînée, et alors les animaux n'en sentiront l'influence que dans la matinée.

— Tant mieux, s'écria M. de Lémansfeld, un temps orageux dispose merveilleusement les abeilles à l'essaimage.

— A demain donc, Nicollet; ayez soin de tout préparer pour bien recevoir les abeilles. A propos, s'il se présentait un essaim avant l'heure, vous nous préviendrez également.

— Oui, messieurs, vous pouvez y compter. »

CHAPITRE II

Fausse sortie des abeilles.
Premier exemple de la prise d'un essaim.

Le lendemain, entre dix et onze heures, tandis que MM. X.... et de Lémansfeld finissaient leur déjeuner, le garde-chasse vint les prévenir que, s'ils voulaient assister au départ d'un essaim, ils devaient se hâter.

Quelques abeilles tournoyaient déjà au-dessus de la ruche et faisaient entendre ce bourdonnement clair, tout particulier, si bien connu des apiculteurs. Un moment après, une foule d'abeilles sortaient avec précipitation et s'élançaient dans les airs, où elles se balançaient en décrivant de grands cercles. En une minute la ruche se trouva presque déserte ; la population tout entière l'avait abandonnée !

Les abeilles qui revenaient des champs s'arrêtaient étonnées sur le tablier de la ruche ; on ne voyait plus de gardes se promener devant l'entrée, et un silence profond avait succédé au joyeux bourdonnement du jour précédent.

« Où se posera donc cet essaim ? s'écria M. de Lémansfeld ; je ne le vois prendre aucune direction particulière. »

En effet, l'essaim s'élevait puis s'abaissait tour à tour sans prendre aucune direction ; les arbustes d'alentour étaient couverts d'abeilles fatiguées qui se posaient haletantes sur les feuilles les plus élevées. Le bourdonnement diminuait sensiblement d'intensité, et l'on voyait un grand nombre d'abeilles reprendre le chemin de leur demeure, tandis que d'autres formaient çà et là de petits groupes agités. Peu à peu toutes rentrèrent au logis.

« Oh ! quel dommage, s'écria M. X..... que ce premier essaim vienne à manquer ainsi !

— La reine est peut-être vieille ; elle n'aura pas osé s'aventurer hors de sa demeure. D'ailleurs, ce n'est probablement qu'un retard de quelques jours. »

Cependant le garde-chasse, qui avait reporté toute son attention sur une autre ruche que le soleil commençait à éclairer, mais qui n'avait encore donné aucun signe de prochaine émigration, s'écria tout à coup : « Messieurs, messieurs, attention de ce côté ! Ah ! ah ! nous n'aurions pas imaginé que ce panier fût si bien disposé ; mais c'est égal, nous ne lui en garderons pas rancune. Entendez-vous l'appel des trompettes ? voyez, l'avant-garde fait les évolutions d'usage au-dessus du panier.... Voici le gros de l'armée qui s'avance en rangs pressés. Celles-ci n'ont pas l'air d'hésiter comme les autres. »

En effet, les abeilles se précipitaient hors de la ruche avec un empressement extrême. Quelques-unes s'arrêtaient un instant pour lécher leurs pattes, ou pour rentrer dans son étui leur langue encore pleine du miel dont elles s'étaient repues avant d'abandonner pour toujours leur habitation. En un instant toute la population se balançait dans les airs, spectacle qui a toujours un charme très-vif pour un apiculteur.

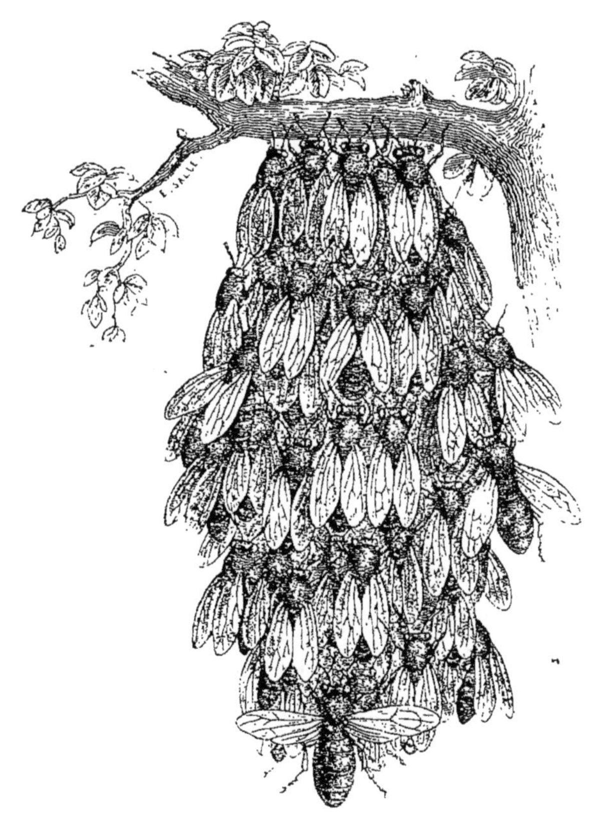

Formation de l'essaim.

« Je crois que l'essaim ne va pas tarder à se prendre, dit M. X...; le voilà qui se groupe autour de ce rameau fleuri. Comme il fait ployer ce cytise! heureusement que c'est un bois flexible ; une branche de pommier se serait brisée.

— Ah ! s'écria le garde-chasse, le voilà tout à fait à notre portée : on dirait que ces pauvres mouches se sont accrochées là tout exprès pour nous rendre service.

— C'est en vérité un de ces cas rares qui augmentent le plaisir que l'on éprouve toujours à recueillir un essaim. Je pense que nous pouvons nous passer de l'affublement ordinaire ; un simple masque de toile métallique nous suffira, ajouta M. de Lémansfeld.

— Oh ! je n'ai que faire de masque, répliqua Nicollet ; je vais tout bonnement couper cette branche, la poser dans la ruche que j'ai préparée, et je parie ne pas recevoir un seul coup d'aiguillon.

— Ne pariez pas et mettez votre masque, lui dit M. X... ; je ne veux pas que vous vous exposiez. »

La précaution ne fut pas tout à fait inutile : malgré l'extrême douceur avec laquelle le garde-chasse coupa la branche, de petits craquements irritèrent quelques abeilles qui se jetèrent sur lui ; mais grâce au masque que son maître l'avait obligé de prendre, il en fut quitte pour une seule piqûre à la main.

« Vous le voyez, mon brave Nicollet, lui dit M. de Lémansfeld, sans ce masque, vous auriez été assailli par une douzaine d'abeilles, au moins, et, si l'une d'elles vous eût piqué dans un endroit très-sensible, à l'œil par exemple, malgré tout votre courage, vous eussiez été forcé d'abandonner la branche, qui alors eût éprouvé une forte secousse. Qui peut dire quelles en eussent été les suites ? Croyez-moi, il n'y a pas de vrai courage à braver inutilement un danger ; c'est de la témérité, de la folie ! »

Cependant l'essaim avait été placé avec la branche dans une ruche toute préparée, et les abeilles, qui aiment à occuper la partie supérieure de leur logement, montèrent dans le haut de la ruche, où elles s'établirent définitivement.

En achevant la visite des autres ruches, visite que cet incident avait retardée, on observa que plusieurs d'entre elles paraissaient presque désertes; les abeilles semblaient peu empressées de jouir du temps magnifique et si favorable à la récolte que cette matinée leur offrait.

« Je crois vraiment, dit M. Lémansfeld, que nous aurons plus d'un essaim cette après-midi et que nos amis ne seront pas venus en vain.

— J'espère en effet, répliqua M. X..., qu'ils ne seront pas trompés dans leur attente. Mais si nous allions au-devant d'eux ?

— Mettons-nous donc en route. »

CHAPITRE III

Deuxième exemple de la prise d'un essaim. Origine du carillon. — Des piqûres.

Et alors, devisant de choses et d'autres, les deux amis se dirigèrent vers l'avenue, à l'extrémité de laquelle se trouvait la loge du garde-chasse. De cet endroit on découvrait au loin tout ce qui se passait sur la grande route.

Ils virent un groupe de personnes arrêtées à peu de distance. Ayant reconnu parmi elles l'abbé Pastor, le docteur et M. Montrésor, ils se dirigèrent vers eux afin de s'enquérir de la cause qui les retenait fixés à cette place.

M. Montrésor les voyant venir leur cria : « Eh! venez donc; regardez cette troupe de gens courant de notre côté, frappant comme des fous sur un instrument de nouvelle espèce. J'ai cru d'abord que c'était à nous qu'ils en voulaient, mais le docteur et l'abbé m'ont dit que ce charivari était destiné aux abeilles. Or, nous regardons en vain, il n'y a pas d'essaim en l'air. »

Mais, avant qu'il eût achevé sa phrase, M. Montrésor put se convaincre qu'il était dans l'erreur et qu'il y avait en effet un essaim en l'air, car il passa au-dessus d'eux comme un tourbillon en faisant un grand tapage.

« Je parie que c'est notre marchand d'abeilles, dit M. X.... Sa maison est tout à fait dans la direction d'où vient cet essaim.

— Les abeilles vont-elles donc toujours en droite ligne ? demanda M. Montrésor.

— Oui, surtout lorsqu'elles essaiment ; si un grand arbre, une maison ou tout autre obstacle leur coupe le chemin, elles s'élèvent au-dessus, ou bien elles en font le tour et reprennent aussitôt leur première direction. Mais voici notre homme : il est suivi d'une troupe d'enfants tout heureux d'avoir une occasion de faire du bruit.

— A quoi peut servir ce tapage infernal ?

— Nos lois et l'usage l'autorisent, et tout à l'heure vous allez comprendre à quoi il sert. Cet essaim a pris la direction de ma propriété ; or, il serait à moi, si la loi n'autorisait pas son propriétaire à le suivre partout où il se présente avec accompagnement de cet orchestre obligé. Tenez, les voilà qui franchissent le fossé et se glissent à travers les ouvertures de cette haie. Suivons-les aussi ; nous assisterons à la prise de l'essaim. »

Tout en marchant, M. Montrésor questionnait ses collègues, plus instruit que lui des usages de la campagne.

« Ce charivari a-t-il quelque influence réelle sur les abeilles? demanda-t-il de nouveau.

— Les paysans le croient, lui fut-il répondu ; ils en sont tellement persuadés que souvent ils accompagnent leur gracieuse musique des invitations les plus pressantes adressées aux abeilles. Ordinairement ils disent : *A bas, abeilles! à bas, abeilles!* D'autres leur parlent de la beauté de la demeure qu'on leur a préparée, disant : *Beau panier tout neuf! gentes abeilles, descendez!* Il en est de même chez presque tous les peuples ; partout les gens de la campagne ont les mêmes idées à ce sujet. »

Ici, la conversation fut interrompue par les cris redoublés de : *A bas, abeilles!* que les enfants répétaient à l'envi. Peu à peu leurs voix perçantes s'adoucirent et finirent par n'être plus qu'un faible murmure. C'est que l'essaim s'était enfin arrêté.

« Le voilà sur ce beau pommier tout couvert de jeunes fruits; si vous les laissez faire, ils vont dévaster cet arbre, dit le docteur, et ce serait vraiment dommage.

— Attendons ; nous verrons comment ils vont s'y prendre : il sera toujours temps de les empêcher de faire des dégâts. »

Un des garçons, envoyé par le marchand en quête d'une échelle, revint pliant sous le poids de celle qu'un voisin complaisant lui avait prêtée. Comme elle se trouvait néanmoins trop courte pour atteindre jusqu'à la haute branche contre laquelle s'était fixé l'essaim, le paysan monta sur l'arbre, et, à l'aide d'un crochet, il essayait d'attirer à lui la branche : mais il ne put y réussir ; ces tentatives ne servaient qu'à faire tomber de jeunes branches chargées de fruits. Dans ce moment, tout le monde était là, assez rapproché pour assister convenablement à cette représentation, qui ne figurait pas sur le programme.

« Voyez, dit M. X..., comme ce rameau ploie sous le poids de l'essaim ; c'est qu'il s'est précisément fixé sur la plus haute branche de l'arbre. »

Pendant ce temps, le paysan s'était affublé d'une espèce de blouse à capote, ayant un masque de crin, puis, armé de sa longue perche à crochet et d'un vieux panier d'osier, il se mit en devoir d'escalader l'arbre jusqu'à son point le plus élevé. Mais comme il faisait tomber bien des petits rameaux chargés de pommes, M. X... lui ordonna de descendre. Le paysan fit bien quelques difficultés ; mais si la loi lui donnait le droit de saisir son essaim partout où il se poserait, elle n'y ajoutait pas celui de ravager la propriété d'autrui. Il fallut donc recourir à un autre moyen.

Le paysan secoua fortement la branche où se trouvait l'essaim, qui dégringola presque tout entier, roulant de branche en branche, jusqu'à ce que les abeilles, en partie désagrégées les unes des autres, vinssent tomber sur le gazon au pied de l'arbre. Mais cette chute n'eut pas lieu sans qu'un millier d'abeilles, irritées de ce traitement sévère, s'élançassent dans les airs en faisant entendre un bourdonnement des plus menaçants.

D'autres s'étaient accrochées çà et là et formaient

divers groupes. Celui de la branche la moins élevée parut attirer le plus grand nombre d'abeilles, et celles qui étaient tombées sur le gazon ne tardèrent pas à s'y réunir. Dix minutes après, l'essaim se trouva complétement reformé.

« Ah! il est maintenant admirablement placé, dit M. X... en s'avançant pour l'examiner. Vous n'aurez absolument que la peine de le faire tomber dans votre panier.

— C'est bien vrai, monsieur, et vous allez voir comment je vais m'y prendre pour cela, » ajouta le rusé vieillard, qui, toujours recouvert de son affublement, s'approcha de l'essaim, tenant d'une main son panier renversé, l'ouverture en haut, et de l'autre une petite branche feuillue. M. X..., se doutant du tour que le paysan allait jouer, se retira précipitamment, en disant à ses amis d'en faire autant. Mais, avant qu'ils eussent suivi ce conseil, le vieillard avait terminé son opération. Les abeilles, dérangées une seconde fois assez brusquement, se jetèrent sur les personnes trop rapprochées, qui se sauvaient en courant, et, tandis qu'une partie des spectateurs étaient enchantés de la promptitude avec laquelle on venait de loger l'essaim dans ce méchant panier, d'autres, à l'écart, visitaient leurs habits ou gémissaient de leurs piqûres.

« C'est fort bien, dit en riant le docteur; mais voilà des blessés qu'il nous faut panser. »

Et alors, ouvrant sa trousse, il en retira une espèce de couteau à lame très-mince. Le premier patient fut

M. de Lémansfeld, qui avait été piqué au cou. Le docteur enleva très-adroitement l'aiguillon en passant la lame du couteau entre la peau et l'arme empoisonnée, sans comprimer la vésicule au venin ; en effet, quand on la comprime, elle le verse dans la plaie jusqu'à la dernière goutte. Il achevait de panser les autres blessures lorsque M. de Lémansfeld vint avertir les spectateurs de se hâter, s'ils voulaient assister au départ des essaims.

CHAPITRE IV

**Troisième exemple de la prise d'un essaim.
Réunion de plusieurs essaims.**

A leur arrivée près du rucher de M. X..., les retardataires trouvèrent le ciel littéralement obscurci par un épais nuage d'abeilles ; ces insectes faisaient un bruit assourdissant. Plusieurs personnes, effrayées de ce mouvement extraordinaire, se retirèrent au delà des limites du jardin ; d'autres se mirent à l'abri derrière les bosquets ou se cachèrent dans un sombre pavillon de verdure, regardant à travers les branches feuillues ce qui se passait dans le rucher.

« Toutes vos ruches sont donc en révolution ? s'écria M. Montrésor, qui, lui aussi, était allé se blottir dans le pavillon.

— Doucement, ne criez pas si fort, lui dit le docteur.

— Oh ! vous n'avez rien à craindre, répliqua M. X..., qui se tenait bravement hors du bosquet. Voyez, ajouta-t-il, Nicollet s'est placé au milieu de l'orage ; il est presque couvert d'abeilles qui, haletantes, viennent se reposer sur lui. Et pourtant il n'est pas masqué.

En effet, Nicollet ne paraissait nullement s'inquiéter des abeilles, car il savait qu'en se tenant tranquille il n'avait rien à redouter d'elles dans cette circonstance.

M. de Lémansfeld et deux ou trois autres personnes accoutumées à ce spectacle, sans être aussi téméraires, s'étaient pourtant avancées tout auprès du rucher.

« Vous ne faites donc pas carillonner les abeilles? demanda le docteur.

— A quoi bon? elles ne songent pas même à s'éloigner. »

Peu à peu, les abeilles parurent se rabattre sur un petit buisson, tout auprès du lieu où se tenaient M. Montrésor, le docteur et d'autres personnes encore. Comme elles circulaient tout autour, plusieurs pénétrèrent dans cet asile, où l'on se croyait à l'abri de leur visite.

« Ne bougez pas, messieurs; n'attirez pas les abeilles par de brusques mouvements, leur cria M. X... Vous n'avez rien à craindre, absolument rien tant que vous resterez tranquilles; autrement... »

Il ne fallut pas moins que cette prompte et énergique recommandation pour engager les peureux à garder paisiblement leurs positions. Au reste, leur patience ne fut pas mise à une trop rude épreuve; un moment après, toutes les abeilles s'étaient réunies en une masse ou grappe énorme : trois ou quatre essaims, qui étaient sortis à peu près en même temps, s'étaient si bien confondus ensemble, qu'il ne leur avait plus été possible de se reconnaître.

« Où donc loger un si monstrueux essaim? demanda le docteur.

— On sera obligé de les séparer, répondit M. X.... Nous allons procéder à cette opération délicate, et qui demande quelque précaution. Mais si vous désirez y assister, nous allons vous donner le moyen de tout voir sans danger d'être piqués. »

M. X...., s'adressant alors à l'un des jardiniers qui se tenait en observation près de là, lui dit d'apporter la toile verte qui était dans l'orangerie. On l'étendit devant l'entrée du pavillon, de manière à fermer le passage aux abeilles ; mais, comme on avait ménagé de petites ouvertures, les personnes qui se trouvaient derrière pouvaient parfaitement voir ce qui se passait au dehors.

M. X.... et M. de Lémansfeld se revêtirent de leur camail d'apiculteurs, tandis que le garde-chasse se contenta de mettre une blouse à capuchon dont le devant était en toile de crin, et des gants de toile forte. Alors on plaça une nappe sous le buisson, et Nicollet, armé d'un plumeau, fit tomber la plus grande partie des abeilles en passant promptement, mais avec précaution, le plumeau entre le groupe et les branches auxquelles il se tenait suspendu.

En un instant, la nappe fut couverte d'une masse épaisse d'abeilles qui s'agitaient et formaient divers groupes. Quelques centaines d'entre elles s'élevèrent en bourdonnant, les unes retournant à l'endroit où elles s'étaient fixées d'abord, tandis que d'autres volaient de côté et d'autre, se jetaient avec fureur sur les personnes masquées, et essayaient de les percer de leur aiguillon.

M. de Lémansfeld, prompt comme la pensée, se mit aussitôt à la recherche des reines, fouillant avec une plume au plus épais des groupes, et, dès qu'il en apercevait une, il la saisissait délicatement et la remettait à son ami, qui se tenait là avec les verres, sous lesquels il les faisait passer aussitôt; puis il les montrait aux personnes cachées, qui n'en avaient jamais vu auparavant.

M. Montrésor voulut en avoir une pour l'examiner plus à l'aise.

« Eh! quoi, s'écria-t-il, c'est là ce qu'on appelle une reine? En vérité, je ne vois pas une grande différence entre cette abeille et une autre; elle est un peu plus forte, plus longue et d'une couleur plus claire, mais voilà tout.

— Eh! mon cher monsieur, lui dit le docteur, si vous preniez ainsi les rois et les reines devant lesquels vous vous inclinez avec tant de respect, vous leur trouveriez moins de différence encore avec les autres hommes qu'il n'y en a entre une ouvrière et la reine abeille. »

L'une de ces reines se tenant parfaitement tranquille, M. X... ôta le verre qui la recouvrait et dit:

« Maintenant sentez l'odeur suave, aromatique, qui s'exhale du corps de cette reine, et dites-moi si les abeilles ordinaires répandent un parfum aussi agréable. »

On reconnut l'exactitude de cette observation.

« Il est surprenant qu'on ne l'ait pas faite plus tôt, ajouta-t-il; elle me paraît assez importante, car elle explique la facilité avec laquelle les abeilles découvrent leur reine, bien qu'elle soit souvent cachée à leur vue. M. de Lémansfeld, qui a le premier, je crois, remarqué cette étonnante propriété, vous citera de curieux exemples qui l'ont mis sur la voie de cette découverte. »

Pendant ce temps, M. de Lémansfeld ayant terminé ses recherches, on fit deux parts des abeilles qui se tenaient groupées sur la nappe. Nicollet avait placé deux ruches aux extrémités opposées de la nappe; i les avait disposées de manière à ce qu'elles offrissent une retraite sombre, afin d'attirer les abeilles, qui, dans cette circonstance, recherchent l'obscurité. Il les dirigeait avec son plumeau, et les insectes obéissaient parfaitement à ses directions: ce qui frappa d'étonnement les spectateurs de cette scène intéressante.

Lorsque la plus grande partie des abeilles eut pénétré dans les ruches, M. de Lémansfeld voulut voir si elles étaient montées à peu près toutes. Le garde-chasse ayant penché les ruches, on vit les abeilles accrochées les unes aux autres contre les parois intérieures, depuis le haut jusqu'au bas de la ruche. Quelques centaines restaient encore sur le tablier. On emporta les ruches à la place qu'elles devaient occuper à l'avenir.

Mais il restait encore plusieurs milliers d'abeilles : les unes formaient de petits groupes sur les diverses stations qu'elles avaient parcourues en tombant des branches du buisson; d'autres étaient restées sur la nappe, tandis qu'un certain nombre voltigeait encore du buisson à la nappe, ou parcourait les environs à la recherche de leurs reines.

« Que voulez-vous faire de ces abeilles sans reine? s'écria M. Montrésor, qui était sorti de sa cachette, car il avait remarqué que M. de Lémansfeld et son ami avaient ôté leur attirail et restaient sans masque.

— Vous pouvez sortir sans danger d'être piqués, messieurs, dit M. X..... Nous allons vous montrer le plus merveilleux spectacle auquel vous ayez jamais assisté.

— C'est plutôt une touchante scène de reconnaissance, reprit M. de Lémansfeld. Nous allons vous prouver que les abeilles savent se comprendre entre elles et se communiquer un événement important. »

En achevant ces paroles, il posa, sur une des feuilles de la branche la plus avancée du buisson, la reine qu'on avait tenue prisonnière à cet effet. Cette pauvre reine, à laquelle on avait très-légèrement touché les ailes avec un peu de miel, ne songeait nullement à s'envoler; elle paraissait triste et fatiguée. Les abeilles, qui tournoyaient tout autour du buisson, l'ayant enfin découverte, elles firent entendre aussitôt un petit bourdonnement qui fut parfaitement compris par toute la population groupée ou errante. La famille entière y répondit en battant des ailes d'un air si joyeux, qu'il était impossible de se méprendre sur le sentiment qui les agitait dans ce moment.

Les abeilles, quittant peu à peu leurs positions respectives, venaient l'une après l'autre se grouper sur la faible branche où se trouvait la reine ; elles se reformèrent en essaim, imitant parfaitement une grosse grappe de raisin.

« Messieurs, retirez-vous, je vous prie, dit le garde-chasse ; car, si ce faible rameau venait à se rompre, la secousse pourrait irriter les abeilles, qui alors se jetteraient sur vous. »

Ce petit avertissement fit rentrer tout le monde dans le pavillon. Nicollet, profitant alors du moment, apporta une ruche vide, la tint d'une main, prête à recevoir les abeilles, et coupant la branche avec un sécateur, l'essaim se trouva tout d'un coup logé, sans avoir donné aucun embarras.

Aussitôt que l'essaim eut pris possession de sa nouvelle demeure, et que le petit nombre d'abeilles qui s'étaient émues par suite de cette dernière opération furent rentrées, on enleva la toile qui abritait les spectateurs peureux ou prudents, mais très-satisfaits de ce qu'ils avaient vu.

CHAPITRE V

Essaim conduit par une vieille reine.

Cependant le garde-chasse vint annoncer que la ruche la plus éloignée allait aussi jeter un essaim. Cette fois, il n'y avait pas de pavillon protecteur où l'on

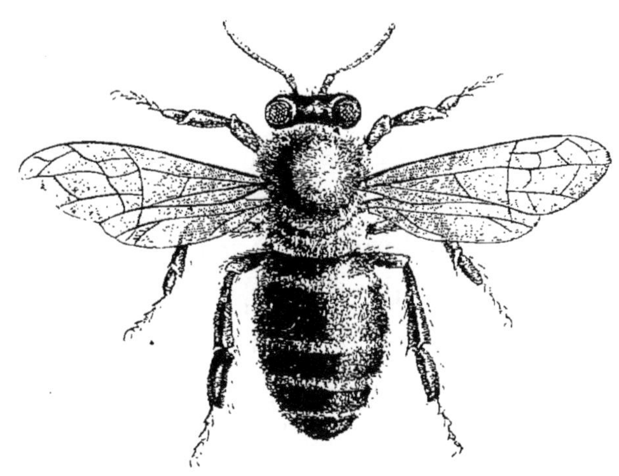

Jeune abeille vue au microscope.

pût se réfugier et être en même temps assez rapproché des abeilles pour jouir du spectacle de leur émigration. M. de Lémansfeld désigna aux curieux un endroit qui se trouvait précisément à deux pas de la ruche en travail d'enfantement ; mais, tandis qu'un rayon de soleil l'illuminait obliquement, de jeunes arbres très-feuillus prêtaient un abri presque impénétrable au jour, sans empêcher tout à fait l'observateur caché derrière ce massif de voir les abeilles se jouer en tourbillonnant au sortir de la ruche. M. X... en saisit une au passage, et, l'ayant placée au foyer d'un microscope, la fit voir éclairée par un rayon de soleil. C'était une jeune abeille dont les ailes et les poils qui recouvraient certaines parties du corps avaient encore toute leur fraîcheur.

L'attention se reporta bientôt sur la ruche en travail, dont le bourdonnement augmentait à chaque instant.

On ne voyait encore que l'avant-garde ; bientôt cependant les abeilles défilèrent en troupes serrées, et l'essaim tout entier tournoya dans les airs. Mais cette fois ce n'avait pas été sans de longues hésitations ; on eût dit qu'un obstacle les retenait au logis. Les abeilles se livraient depuis longtemps à leurs courses circulaires, lorsque le garde-chasse, impatienté de les voir s'agiter sans succès, se pencha près de la ruche, cherchant à découvrir si la reine, victime de quelque empêchement imprévu, ne se trouvait pas sur le tablier ou dans les environs.

Tout à coup il fit signe à M. de Lémansfeld d'approcher. « Voyez donc, monsieur, lui dit-il ; serait-ce par hasard une reine, cette petite bête toute noire ? Elle est pourtant plus grande qu'une ouvrière, continua-t-il en la saisissant délicatement ; mais si c'est là une reine, elle doit être bien vieille.

— Oui, vraiment, c'est bien là une reine, répliqua M. de Lémansfeld, une vieille reine en effet. Donnez-la-moi, je vous prie. »

Et, la prenant dans ses mains, il la porta vers ses amis, la montrant d'abord à M. X....

« Oh ! qu'elle est chétive ! s'écria celui-ci ; je ne m'étonne plus qu'elle n'ait pas pu s'élever dans les airs : ses ailes sont toutes frangées, déchiquetées.

— Comment, c'est là une reine ! fit l'un.

— C'est là le chef d'un grand peuple ! dit l'autre.

— Pauvre général ! poursuivit un troisième ; je ne suis plus surpris de la prudence que tu mettais dans tes opérations ; tu n'es plus qu'un vieil invalide !

— Eh bien ! cette pauvre reine toute vieille, tout usée qu'elle soit, n'en est pas moins chère à ses sujets, à ses enfants plutôt ; voyez comme les abeilles sont maintenant inquiètes, comme elles rentrent et ressortent tumultueusement. C'est qu'elles sont à la recherche de leur reine. Nous ferons bien de nous éloigner, à moins que nous ne la leur rendions au plus vite. »

Cependant M. X.... déclara ne vouloir pas rendre la reine ; il espérait forcer les abeilles à en élire une autre parmi les jeunes, qui étaient prêtes à sortir. « Ce ne sera qu'un simple retard, dit-il ; dans quelques jours l'essaim se reformera de nouveau, et alors il aura à sa tête un chef jeune et fécond.

On se retira donc du champ d'observation en emportant la malheureuse reine; cette imprudente tentative d'émigration lui coûta le trône et la vie, car elle ne put supporter longtemps sa captivité.

CHAPITRE VI

Des essaims artificiels ou forcés.

J'ai déjà exprimé mon opinion sur les essaims forcés, et je répète encore que, sous aucun rapport, ils ne sauraient offrir des résultats aussi avantageux que les essaims naturels ; ceux-ci peuvent seuls remplir toutes les conditions nécessaires à une grande exploitation, et, par l'ardeur extrême qu'ils déploient dès les premiers jours de leur établissement, offrir des chances certaines de succès.

Mais comme plusieurs causes peuvent engager les propriétaires d'abeilles à avoir recours à ce moyen de multiplication, je crois être agréable à mes lecteurs en leur faisant connaître les pratiques les plus usitées parmi les apiculteurs.

La découverte de Schirach ayant été comme un trait de lumière pour les naturalistes, ceux d'entre eux qui s'occupaient de l'élève des abeilles, ravis de pouvoir ainsi créer des reines à volonté, ont profité de cette connaissance pour forcer les abeilles à remplacer la reine qu'on leur enlevait.

Depuis lors, bien des amateurs ont tenté de substituer l'essaimage forcé au mode d'émigration naturel chez les abeilles.

Suivant l'usage que j'ai adopté, je parlerai d'abord des moyens employés par les apiculteurs les mieux connus, sinon les plus habiles. M. Lombard chassait tout simplement les abeilles au moyen de la fumée, et les forçait d'entrer dans une ruche toute préparée. Celles qui revenaient ensuite des champs repeuplaient la ruche dépouillée, et l'essaim était fait, pourvu que la reine fût partie avec les abeilles de l'essaim. Dans le cas contraire, on rendait les abeilles expulsées à la vieille ruche, quitte à recommencer l'opération une autrefois.

M. Féburier agissait plus simplement encore. Sa ruche étant formée de deux portions réunies, il suffisait de les séparer en leur adjoignant à chacune une autre moitié de ruche, préparée à cet effet.

La ruche à deux boîtes superposées, de M. Frémiet, paraîtrait aussi très-favorable à cette opération ; mais l'auteur a soin d'avertir que, si la chose est on ne peut plus aisée à faire, les résultats en sont tout à fait incertains. Il ajoute qu'en Allemagne, particulièrement en Prusse, en Bohême et en Saxe, il y a des gens qui courent de village en village pour faire des essaims artificiels ; ils ont une grande habitude des ruches; ils connaissent bien l'instant où il faut opérer, et cependant ils n'oseraient pas garantir le cinquième des ruches qu'ils partagent.

M. Frémiet, qui est lui-même un des apiculteurs

les plus distingués, déclare que, malgré tous les soins et toute l'attention possibles, si l'année n'est pas très-favorable à ce genre d'opération, on risque de perdre à la fois la mère et l'essaim. Une telle parole, de la part d'un homme dont l'habileté est incontestable, n'est certainement pas propre à encourager les propriétaires d'abeilles à tenter l'essaimage artificiel.

L'opinion de M. Radouan ne diffère point de celle de l'auteur de la ruche des bois; il cite à ce sujet le résultat d'une de ses expériences. Ayant fait, suivant les règles indiquées et dans la saison la plus favorable, un grand nombre d'essaims artificiels qu'il eut soin de rendre du poids de cinq livres, c'est-à-dire forts de quinze à dix-sept mille abeilles, il eut le regret de les voir dépérir, ainsi que les mères ruches d'où il les avait tirés. Cette opération fut loin d'être avantageuse, et ne l'encouragea point à avoir recours aux essaims forcés pour peupler son rucher.

Les apiculteurs anglais sont médiocrement disposés à forcer ainsi les abeilles à essaimer, et en Amérique elles se multiplient suffisamment pour qu'on n'ait pas recours à l'essaimage forcé.

Tous les apiculteurs ne sont cependant pas si opposés à ce genre de multiplication; il en est qui, bien loin de le regarder comme une de ces opérations qu'on ne fait que dans une nécessité absolue, en parlent comme d'une chose plutôt favorable que nuisible aux abeilles. J'ai déjà nommé M. Féburier; je citerai encore M. Château, dont la ruche, construite dans ce but, a obtenu une médaille de bronze à l'exposition de 1849. M. Debeauvoys paraît même préférer ce mode à tout autre pour augmenter le nombre de ses ruches. Non-seulement il force les abeilles à essaimer; mais ne pouvant tolérer d'autres ruches que celles à cadres mobiles, il fait passer dans ses ruches, pour ainsi dire en toute saison, les abeilles qui ont le malheur d'habiter dans une demeure d'une construction différente.

Cependant, ainsi que je l'ai dit en commençant ce chapitre, il est des circonstances qui exigent l'emploi des moyens forcés. M. Debeauvoys voudra donc bien me permettre de lui emprunter quelques lignes à ce sujet :

Préparatifs de l'opération. — « Aussitôt donc que toutes ces conditions sont réunies (présence des mâles, couvain âgé de moins de trois jours), on visite la ruche sur laquelle on veut opérer; sur le midi, on ôte la porte et le premier cadre, afin de se donner l'aisance de sortir les autres; on les examine tous, on marque ceux qui contiennent des alvéoles royaux ou simplement du couvain d'ouvrières de moins de trois jours. Pendant cette visite, on cherche la reine, on s'en empare, et on la met sous un verre ou sous un demi-globe qu'on appuie sur une petite planche et qu'on place sous les rayons, quand cela est possible, ou bien on lui donne une vingtaine d'abeilles, et on la renferme dans une boîte où l'air pénètre aisément et reste convenablement chaud.

Temps convenable. — « On choisit pour cette opération un beau jour, un jour resplendissant des plus purs rayons du soleil, un jour serein, un jour superbe; on choisit l'heure de midi, parce que l'absence d'un très-grand nombre d'abeilles facilite la recherche de la reine. On a porté la ruche à l'ombre ou dans un cabinet obscur et mis une ruche vide à la place.

Description. — « Sur les six heures du soir, lorsque les butineuses sont rentrées, on ouvre le côté de la ruche et l'on se retire un instant, pour laisser aux abeilles le temps de se calmer de l'émotion que cette ouverture leur a causée. Tous les rayons sont chargés d'abeilles; fatiguées de leurs nombreuses excursions, elles sont attachées les unes aux autres, formant des sortes de guirlandes. On a mis sous ses pieds un large drap pour mieux voir les abeilles qui tombent dessus et ne pas les écraser; la ruche dans laquelle on veut mettre les abeilles est là, à côté, à une très-petite distance, afin de faire le moins de mouvements possible; on en a ôté tous les cadres.

« On prend dans la ruche mère ceux des cadres qui ne portent pas l'élément royal; on a laissé un cadre vide auprès de celui des côtés de la ruche neuve qui ne s'ouvre pas; on place à la suite un cadre plein et chargé d'abeilles, un autre vide, un deuxième plein, un autre vide, un troisième plein, encore un autre vide et puis un quatrième plein, enfin un vide. En agissant doucement et sans secousse, les abeilles restent attachées aux rayons et la ruche sera assez peuplée.

« On prend alors la reine, on la sort de sa prison

et on la met sur les rayons, puis on ferme la porte et on abaisse tous les guichets, ce qui a dû être fait encore mieux avant d'opérer. Cette ruche est portée au lieu qu'on lui destine; on la couvre de branchages, ou mieux, on la porte dans quelque endroit frais, où elle ne pourra recevoir de soleil dans toute la journée du lendemain. A la nuit close on lève les guichets, mais à la condition de les fermer de très-grand matin. »

M. Debeauvoys décrit aussi fort en détail la manière de transvaser les abeilles d'une ruche ordinaire dans celle à châssis mobiles. L'auteur convient que cette opération est longue et minutieuse, qu'elle laisse même une impression pénible sur ceux qui en sont témoins. Il ajoute que trois ou quatre jours après, on est frappé d'admiration en voyant les déchirures si proprement réparées.

Voici maintenant la manière d'opérer avec la ruche en cloche d'une pièce, telle que je l'ai indiquée dans un précédent ouvrage.

C'est toujours au printemps, à l'époque de l'essaimage naturel, qu'il faut procéder, lorsqu'il y a nécessité de le prévenir en forçant les abeilles à émigrer de la ruche mère dans celle qu'on leur a préparée.

Dès que l'on s'aperçoit, aux signes que j'ai décrits précédemment, que les abeilles s'apprêtent à essaimer, on veille sur les ruches où ce grand mouvement précurseur se fait entendre plus particulièrement, afin de commencer par elles l'opération délicate que je vais décrire.

Après avoir mis les abeilles en état de bruissement, on transporte la ruche à quelques pas du rucher et on la renverse doucement, l'ouverture en l'air. Puis on introduit jusqu'au fond, entre les rayons, l'enfumoir auquel on a adapté un tuyau suffisamment long, et on lance la fumée, peu à la fois d'abord, afin de ne pas aveugler les abeilles, qui, sans cette précaution, se cachent dans les cellules et s'obstinent à ne point sortir. Dès qu'elles se décident à déloger, on les voit se diriger par masses serrées contre les parois de la ruche. Il faut alors placer une boîte à essaim, ou une petite ruche pouvant s'ouvrir par le haut, sur le bord de la ruche que les abeilles escaladent. On aura soin de l'emmieller légèrement afin d'attirer les abeilles. Bientôt elles s'y établiront. Il ne faut pas s'inquiéter de celles qui retournent à leur ancienne place; comme on aura eu soin d'y mettre une ruche vide pour recevoir les abeilles arrivant des champs, elles ne risqueront pas de se perdre ou d'entrer dans d'autres ruches qu'elles pourraient troubler.

Dès que l'opération est terminée, il faut porter la nouvelle ruche dans un endroit éloigné, après y avoir enfermé les abeilles, et remettre la mère ruche à sa place. Quant aux abeilles qui se seraient réfugiées dans la ruche provisoire, si elles sont en grand nombre, il sera bien de les emporter aussitôt, et de les retenir prisonnières jusqu'au soir.

Mais comment s'assurer si la reine est avec l'essaim ou si elle est restée dans l'ancienne demeure?... Le moyen est bien simple : il suffira de donner environ une livre de miel à l'essaim et de le retenir prisonnier pendant ce jour et le jour suivant; le matin du troisième, on donnera liberté entière aux abeilles, et alors, si la reine est avec elles, elles ne sortiront que pour aller aux champs, tandis que, si elle n'y est pas, l'essaim tout entier retournera à la mère ruche. Ce sera, il est vrai, une opération manquée; mais les abeilles n'auront souffert qu'un dérangement momentané, et on en sera quitte pour recommencer. Quant aux abeilles de la ruche provisoire, on en disposera soit en faveur de l'essaim, s'il n'était pas assez fort, soit en les rendant à la mère ruche.

Avant de terminer ce qui concerne les essaims forcés, il est utile de dire un mot du moyen simple et commode que nous offre l'asphyxie, ou anesthésie momentanée des abeilles.

On comprendra combien ce mode serait utile dans la pratique, puisqu'on pourrait ainsi disposer à son gré des abeilles sans danger d'être piqué, examiner la reine, en un mot se livrer à toute sorte d'opérations. J'avais indiqué à cet effet dans un précédent ouvrage l'asphyxie par la privation de l'air. Ce moyen, très-aisé avec des ruches d'une construction particulière, demande beaucoup d'adresse et de précaution lorsqu'on le pratique sur des ruches ordinaires. On a proposé la fumée du lycoperdon, sorte de champignon qui croît dans les forêts; M. Nutt et d'autres apiculteurs anglais l'avaient prônée outre mesure. On a dû l'abandonner à cause de ses effets désastreux sur les abeilles. L'éther et le chloroforme remplaceraient le lycoperdon avec avantage, si ce n'était leur prix trop élevé.

M. Debeauvoys, ayant expérimenté de nouveau le lycoperdon, était parvenu à s'en servir avec un certain succès. Cependant, malgré les épreuves qu'il a tentées devant plusieurs membres de la société d'acclimatation, je n'aurais osé le recommander ; car il produit une certaine irritation parmi les abeilles, et n'est peut-être pas tout à fait sans danger pour elles. M. Debeauvoys a tenté d'obtenir les mêmes résultats d'une substance mieux connue, et il a réussi à endormir les abeilles en employant le sel de nitre (nitrate de potasse). Voici comment il faut procéder. On fait dissoudre 15 grammes de sel de nitre dans une certaine quantité d'eau, puis on trempe dans cette eau une poignée de filasse, et, après l'avoir fait sécher, on s'en sert comme d'une matière à produire de la fumée. Les abeilles ressentent très-promptement les effets de cette fumigation ; elles ne font pas même entendre le bruissement ordinaire en pareil cas, ce qui ferait croire qu'elles n'éprouvent pas de souffrances, comme lorsqu'on se sert du lycoperdon. Ce qui achève de démontrer l'innocuité du moyen proposé par M. Debeauvoys, c'est qu'à leur réveil les abeilles sont très-vives et très-bien portantes[1].

Je ne saurais trop engager les apiculteurs à répéter cette expérience au moins sur une ruche, et, si le ré-

[1] La communication faite à ce sujet par cet apiculteur distingué à la société d'acclimatation a été insérée dans le Bulletin du mois de novembre dernier.

sultat répond aux affirmations de M. Debeauvoys, ce sera un précieux moyen de disposer des abeilles sans avoir à craindre leurs piqûres, avantage qui n'est pas à dédaigner. Il paraît qu'il suffit de les enfumer légèrement avec cette substance ainsi préparée, pour les endormir à l'instant même. Elles tombent alors toutes sur le tablier, et on profite de cet état de sommeil, ou plutôt d'engourdissement, pour les mettre dans la ruche qu'on leur destine. On pourrait se servir du même procédé pour visiter commodément les ruches et faire la récolte du miel, lorsqu'il est difficile de l'extraire sans tourmenter les abeilles.

CHAPITRE VII

La chasse aux abeilles.

Sous ce titre, qui présente plutôt l'idée d'un simple divertissement que d'une pratique sérieuse, les personnes qui habitent près des forêts trouveront un moyen aussi utile qu'amusant de se procurer des essaims pour peupler leurs ruches; d'ailleurs, sans aller dans les bois, il arrive souvent que l'on en découvre par hasard dans le creux des vieux chênes isolés, ou dans le tronc et les grosses branches de certains noyers que la carie a vidés intérieurement. C'est même dans ce dernier cas un service à rendre aux propriétaires de ces arbres que de les débarrasser de ces hôtes incommodes, dangereux pour celui qui est chargé d'abattre les noix.

Il s'agit donc en effet d'une véritable chasse, tout aussi attrayante que celle du gibier, mais beaucoup moins fatigante et plus utile dans ses résultats ; car un essaim est d'une valeur supérieure au plus beau lièvre.

Dans la chasse aux abeilles il y a deux choses à

considérer : la chasse proprement dite, qui est fort divertissante, sans danger, et peut convenir même à une dame, et la prise de l'essaim, opération que l'on se contente de diriger, si l'on éprouve quelque crainte des piqûres, bien qu'en prenant les précautions d'usage il soit très-aisé de s'en garantir. Que dirait-on d'ailleurs d'un intrépide chasseur qui refuserait d'aller prendre l'essaim dont une dame aurait suivi patiemment la trace et découvert la retraite?

Pour entrer en campagne il suffit d'un tout petit bagage : un briquet, un petit vase de terre contenant un peu de miel, de cire brute ou de propolis. Il faut aussi se pourvoir d'une petite boîte renfermant du vermillon ou simplement du blanc d'Espagne en poudre, et d'un pinceau comme ceux dont on se sert pour la peinture à l'aquarelle. Chargé de ce léger attirail, on se rend sur la lisière d'un bois, ou dans tout autre lieu où se trouvent de vieux arbres séculaires. Dès que l'on a choisi un endroit favorable, on allume quelques herbes sèches, des brins de broussailles, et on tient le vase contenant le miel au-dessus de la flamme ; ce miel, et surtout la cire brute, répandent bientôt une odeur des plus suaves, qui attire de loin les abeilles en quête de provisions et arrête celles qui traversent les airs dans la sphère où le parfum se fait sentir. On ne tarde guère à en apercevoir qui rôdent dans les environs. On cesse alors de faire chauffer le vase, qu'il faut couvrir ou cacher, afin que les abeilles n'aillent pas se précipiter dedans et se brûler; on met à la place un morceau de papier ou tout autre objet, sur lequel on verse un peu de miel que les abeilles ne tardent pas à découvrir.

Il ne faut pas inquiéter les premières qui profitent de ce régal inespéré, autrement elles pourraient s'en aller et ne plus revenir; mais on les laisse partir tranquillement, en observant de quel côté elles se dirigent. Elles ne tardent pas à revenir, accompagnées d'un certain nombre de leurs compagnes. C'est alors le moment de faire usage de la couleur dont on s'est pourvu. Quand il s'agit de manger, les abeilles cessent d'être craintives et à craindre ; on s'approche avec précaution et, avec le pinceau chargé de poudre colorée, on leur imprime une marque sur le corselet ou l'abdomen. Elles sont alors si occupées de leur repas, qu'elles s'aperçoivent à peine de l'attouchement du pinceau.

Cette couleur sert à les reconnaître plus tard, et en même temps donne une grande facilité pour suivre la direction qu'elles prennent en s'en allant, car elles deviennent visibles même à une grande distance.

Lorsque les abeilles vont aux champs ou lorsqu'elles en reviennent, elles suivent toujours une ligne droite. D'après cette remarque, qui dans cette circonstance ne souffre pas d'exception, on peut être sûr qu'en suivant la même direction, sans s'écarter ni à droite ni à gauche, on arrivera directement à l'arbre où elles ont établi leur domicile.

On m'objectera qu'il est souvent fort difficile de suivre une ligne droite ; que dans une forêt, par exemple, cela devient impossible ; que même en rase campagne, on rencontre des bouquets d'arbres, des fossés, des haies qui obligent à prendre un détour. Cela est vrai ; mais il reste un moyen fort simple de se reconnaître : si aucun arbre, aucun objet n'a pu nous offrir un point de mire et servir en quelque sorte de jalon pour maintenir une ligne droite, c'est de se munir d'une boussole, et de marcher de manière à avoir toujours l'aiguille dans la même direction. Au moyen de ce petit instrument qu'il est si facile de se procurer, on peut braver les obstacles du terrain le plus accidenté. D'ailleurs, les abeilles habitant le creux d'un arbre, il est à présumer que cet arbre est d'une certaine grosseur, et en s'arrêtant au pied de tous ceux qui se trouvent sur la ligne qu'elles suivent, on ne tarde pas à entendre le bourdonnement extraordinaire qui accompagne toujours la découverte d'un dépôt de miel.

L'arbre qui recèle l'essaim est-il enfin devant vos yeux, il faut d'abord examiner attentivement quelles sont les difficultés qui peuvent s'opposer à la prise des abeilles. Dans les cas les plus ordinaires, c'est à la partie moyenne du tronc et à la naissance des grosses branches que se trouve l'entrée de leur demeure. Il ne s'agit plus que de sonder l'arbre, afin de s'assurer si la cavité s'étend au loin, si elle remonte vers le haut du tronc ou de la branche et jusqu'à quel point elle descend. Rien n'est plus aisé que cette opération ; en frappant avec un petit marteau, ou à son défaut avec un caillou, on peut savoir au juste quelle est la partie occupée par les abeilles et quel est le côté de l'arbre le plus favorable pour y pratiquer l'ouverture par laquelle on doit les enfumer. Mais on ne doit pas oublier que les abeilles qui vivent loin de l'habitation des hommes sont plus défiantes et plus farouches que celles de nos ruches. Il ne faut donc pas procéder à l'opération que je viens de décrire sans masque et sans gants ; car les coups dont on frappe l'arbre, quelque légers qu'ils soient, les irritent toujours un peu. Quand on connaît exactement l'endroit où la cavité se termine, on fait avec une mèche, ou tout autre instrument expéditif, un trou assez grand pour y passer l'extrémité de l'enfumoir. Il est essentiel que ce trou soit pratiqué à la partie inférieure de la cavité. On a dû se pourvoir de quelques chiffons bien secs, d'un briquet pour y mettre le feu et de l'enfumoir. Il faut bien se garder d'envoyer trop de fumée aux abeilles, surtout en commençant, la fumée les aveugle, les étourdit et souvent les empêche de sortir. Lorsque je n'étais encore qu'un apprenti chasseur d'abeilles, je bouchais tous les trous, excepté celui de la partie la plus élevée, sur lequel je fixais le sac à essaim. J'ai reconnu que cette précaution était plus qu'inutile, que les abeilles ne songent nullement à s'enfuir, qu'au contraire elles se réunissent en groupes sur les bords des différentes ouvertures, et qu'alors il n'y a rien de plus aisé que de les faire entrer dans le sac ou la boîte à essaim ; tandis qu'en fermant toutes les ouvertures on court risque d'asphyxier les abeilles, et qu'un grand nombre d'entre elles s'obstinent à rester plutôt que de sortir par l'ouverture qu'on leur a laissée. Enfin, si la reine se trouve parmi ces dernières, l'opération est manquée, à moins qu'on n'ait des ruches faibles dont on désire fortifier la population de quelques milliers d'abeilles. C'est au reste un moyen auquel j'ai eu souvent recours et qui m'a constamment réussi.

On peut se donner le plaisir de cette petite chasse pendant toute la belle saison ; les personnes craintives pourraient même, après avoir marqué l'arbre qui renferme une population d'abeilles, attendre jusqu'à l'arrière-saison pour s'en emparer : elles sont alors beaucoup moins vives et moins méchantes. Mais, quelle que soit l'époque de cette chasse, il est avantageux de choisir un jour calme et serein.

CHAPITRE VIII

Des abeilles en général et des moyens de se procurer les variétés étrangères les plus remarquables.

Les abeilles dont nous recueillons le miel et la cire, appartiennent à l'ordre des Hyménoptères, tribu des Apiens, et sont de la famille des Apites, composée de trois groupes dont elles forment le second, sous le nom d'Apites.

Dès les temps les plus reculés, avant toute civilisation, les hommes ont su s'approprier les provisions amassées avec tant de soins par les abeilles; et le plus ancien de nos livres, la Bible, qui en fait mention sous le nom hébreux de Déborah, nous apprend que le miel était considéré comme un des principaux aliments de l'homme.

On peut ajouter qu'il doit en avoir été de même pour tous les autres peuples de l'antiquité.

Mais, était-ce notre abeille domestique ou d'autres espèces étrangères à nos climats? Il n'est peut être pas inutile d'approfondir cette question, car elle touche aux intérêts de l'apiculture; c'est même une question d'avenir.

On sait qu'il existe plusieurs variétés d'abeilles, ayant des mœurs et des habitudes à peu près semblables à celles de notre abeille commune, qu'en France et dans tout le nord de l'Europe, on connaît sous le nom d'abeille mellifique (Apis mellifica Lineus), et qui a été l'objet des recherches et des études particulières de plusieurs naturalistes parmi lesquels je citerai Swamerdam, Hunter, Réaumur, Bonnet et Huber. En Orient et même dans certaines parties de l'Italie et de la Grèce, on élève une autre variété d'abeilles qui diffère de notre abeille commune par la couleur de son corps, qui est brunâtre, avec les trois premiers anneaux de l'abdomen d'une nuance ferrugineuse, et bordée de noir. C'est l'abeille ligurienne (Apis ligustica). En Égypte on voit une autre variété d'abeille; c'est celle que Latreille a décrite sous le nom d'Apis fusciata, abeille à bandes. M. Savigny pense que c'est l'espèce qu'on trouve représentée sur les monuments égyptiens, où, selon Hor-Apollon, elle était l'emblème d'un peuple obéissant aux ordres de son roi.

On connaît encore l'abeille unicolore, qui habite les îles de France, de Bourbon, de Madagascar; l'abeille indienne, que l'on trouve au Bengale et dans la presqu'île de l'Inde; l'abeille d'Adanson, très-répandue au Sénégal; celle de Péron (c'est le nom du célèbre voyageur qui en a parlé le premier); on la trouve particulièrement à Timor.

C'est sans doute au climat seul que l'on doit attribuer la production de toutes ces variétés d'abeilles, car leurs habitudes, leurs mœurs ne diffèrent guère de celles de notre abeille domestique.

Mais si toutes descendent d'un type unique, la différence des lieux, de la température et de la flore du pays qu'elles habitent, a dû nécessairement exercer une grande influence, non-seulement sur la couleur et la grosseur de leur corps, mais encore sur le développement de leur intelligence. Je n'en citerai ici que deux ou trois exemples. Je n'ai jamais vu notre abeille fréquenter le jasmin si odorant, ni le chèvrefeuille. Ces fleurs contiennent cependant un excellent miel et leur parfum attire les phalènes qui à l'aide de leur longue trompe savent parfaitement l'extraire. L'abeille française qui sait ne pouvoir atteindre avec sa langue jusqu'au fond du calice, passe devant ces fleurs sans même essayer de s'emparer de leur miel.

Or, il n'en est pas de même de l'abeille ligurienne; celle-ci use d'un stratagème dont la nôtre semble n'avoir nulle connaissance. Elle fend avec ses dents le calice à sa base, et par ce moyen si simple, elle vide complétement la fleur de toute la liqueur sucrée qu'elle contient.

Dans la Suisse italienne et en Lombardie, les abeilles ordinaires usent du même procédé. Peut-être en est-il de même dans le midi de la France?

Les tiges de la canne à sucre contiennent une liqueur sucrée, mais comme cette liqueur n'est pas odorante, et de plus, qu'elle est cachée sous une écorce lisse semblable à celle des tiges du maïs, rien ne doit la déceler aux abeilles. Cette liqueur douce se trouve donc tout à fait à l'abri de leur convoitise.

Pour percer cette écorce, l'abeille rencontre aussi une bien plus grande résistance que n'en offre le tissu tendre et délicat d'une fleur.

Qui a donc enseigné à quelques populations d'abeilles que sous cette écorce verte et inodore se trouvait un suc analogue à celui qu'elles vont puiser dans les fleurs, tandis que d'autres populations semblent ne pas s'en douter?

On dit que dans bien des plantations on a renoncé à garder certaines variétés d'abeilles, vu le tort qu'elles font à la récolte.

Au reste, sans aller bien loin, je pourrais citer nombre de fleurs où nos abeilles ne vont pas butiner, tandis que ces mêmes fleurs sont fort recherchées par les bourdons, les abeilles solitaires et d'autres insectes.

Ce n'était donc pas comme simple objet de curiosité que j'insistais auprès de l'Académie des sciences pour l'engager à faire venir de nouvelles variétés d'abeilles; mais, ainsi que pour d'autres questions dont le temps fera connaître la valeur, l'opinion de l'Académie et du public n'était pas mûre encore : c'est pourquoi ma demande est restée lettre morte.

Je crois devoir ajouter que si je cherche encore aujourd'hui à attirer l'attention des sociétés savantes et des voyageurs sur les variétés d'abeilles appartenant au même groupe que notre abeille commune, c'est pour empêcher que leur zèle ne s'égare sur d'autres insectes faisant partie des deux autres groupes de la famille des Apites. Et ceci n'est point une supposition gratuite ; on a vu, à l'occasion de l'Exposition universelle, des hommes plus empressés qu'instruits recommander l'importation d'une espèce sans aiguillon, dont le travail avait encore moins frappé leur imagination que l'absence de toute arme offensive, qui est un des caractères principaux des Méliponites.

Ces insectes ont plusieurs traits de ressemblance avec les abeilles ; comme elles, ils vivent en société et construisent des édifices de cire pour y élever le couvain et y déposer des provisions de miel et de pollen qui servent à leur subsistance. Jusqu'ici il y a une certaine conformité de genre de vie qui a pu faire croire que ces insectes pourraient rendre les mêmes services que les abeilles. Mais en considérant ce nid, qui ressemble extérieurement à celui que font les guêpes lorsqu'elles se logent sur les arbres ou dans les buissons, en en visitant l'intérieur, on reconnaît de suite que ces insectes ne peuvent amasser de grandes provisions et qu'ils vivent à peu près au jour le jour. Du reste, l'absence de toute arme défensive indique suffisamment que leur demeure ne renferme aucun trésor capable de tenter la cupidité de l'homme.

Ces insectes ne sont guère plus gros que nos mouches domestiques, dont ils ont la forme courte et ramassée. Habitant les parties les plus chaudes du nouveau monde, il serait très-difficile de les acclimater dans nos froides contrées. Et d'ailleurs, quoique vivant en communauté comme les abeilles, les bourdons et les guêpes, on ne sait pas encore si, comme les premières, ils se multiplient au moyen des essaims, ou bien si, à l'exemple des seconds, les Méliponites forment chaque année une nouvelle société. Leur mode de construction horizontale et sur un seul rang d'alvéoles, plus en rapport avec celui des guêpes qu'avec les rayons à double rang d'alvéoles, ferait croire que ce groupe des Apites ne forme pas une société durable comme celle du groupe précédent.

Bornons-nous donc à demander l'introduction de nouvelles variétés d'abeilles, afin qu'aucune plante, aucune fleur ne se dessèche sans avoir payé le tribut de miel que la Providence nous a destiné.

Il ne me reste plus maintenant qu'à indiquer aux voyageurs les moyens de transporter, sans trop d'embarras, les variétés d'abeilles qui paraîtraient mériter d'être introduites dans nos contrées. En démontrant que cela ne serait pas aussi difficile qu'on se l'imagine, et n'offrirait aucun danger, je pense rendre un véritable service à l'apiculture.

La Société d'acclimatation, qui fait de louables efforts pour augmenter le nombre des animaux utiles, a-t-elle donné quelques instructions de ce genre aux voyageurs avec lesquels elle correspond? je l'ignore. A-t-elle même compris les abeilles au nombre des insectes utiles, comme elle l'a fait avec tant de succès pour le ver à soie? Je le désire, mais je ne le pense pas. C'est pour ce motif que je joins ici une courte instruction destinée aux personnes qui, à leur retour des contrées lointaines, seraient heureuses de prouver qu'elles ont pensé à enrichir leur patrie d'une nouvelle variété d'abeilles.

Comme il serait impossible de faire voyager une ruche garnie de ses rayons et des provisions nécessaires à l'alimentation des abeilles pendant un long voyage, il suffirait de recueillir des reines des diverses variétés, de leur adjoindre quelques centaines d'ouvrières, et de placer ces espèces de petits essaims dans des boîtes préparées pour cette destination. Je pense qu'en leur donnant deux décimètres en tous sens, cela suffirait. Les boîtes devraient être munies d'un grillage en toile métallique et tenues dans un lieu obscur. Il suffirait de placer et de fixer solidement contre une des parois de la boîte, ou au fond sur un lit de mousse, un morceau de gâteau rempli de miel recouvert d'une pellicule de cire et un autre garni de pollen. Ensuite on introduirait la reine et quelques centaines d'abeilles. Une douzaine de boîtes semblables donneraient peu d'embarras et tiendraient peu de place.

Si la traversée était longue, il serait bien de donner quelques instants de liberté aux abeilles, un peu avant le coucher du soleil. On choisirait à cet effet un temps calme, et on mettrait d'abord une seule boîte à l'avant du vaisseau. Il est probable qu'elles se comporteraient comme les nôtres, et qu'après avoir voltigé çà et là et s'être débarrassées de leurs excréments, elles rentreraient paisiblement dans leur demeure. Elles pourraient peut-être se suspendre en grappe à quelque partie du navire ; mais il ne serait pas difficile de s'en emparer. S'il en était autrement, si contre toute prévision elles se perdaient, on renoncerait à donner la liberté aux abeilles des autres boîtes.

En arrivant à destination, il faudrait essayer de faire adopter une de ces reines par une population d'abeilles ordinaires. Si la différence n'était pas trop grande, cette opération se ferait très-facilement : il suffirait d'enlever la véritable reine de cette population, puis, trente ou quarante heures après, d'enfumer légèrement les abeilles et de profiter de l'étourdissement que cette fumigation leur causerait pour introduire la nouvelle reine. Sa ponte aurait bientôt renouvelé entièrement la population.

Je fais des vœux pour qu'un voyageur ami de son pays veuille bien prendre le léger embarras de transporter dans nos contrées les variétés d'abeilles qui pourraient augmenter nos jouissances en modifiant et variant heureusement la qualité de nos miels.

CINQUIÈME PARTIE

PRODUITS DES RUCHES — MALADIES DES ABEILLES

CHAPITRE PREMIER

Des diverses espèces de miel.

Le nectar que les abeilles recueillent sur les fleurs devrait seul porter le nom de miel, car seul il réunit les qualités bienfaisantes qui le rendent si supérieur aux autres matières sucrées. Cependant on donne le même nom au produit que l'on recueille dans les ruches, lors même que, par suite de circonstances particulières, il se trouve mêlé à d'autres substances d'origines diverses. Ainsi, pendant les grandes chaleurs et sous l'influence de certaines circonstances atmosphériques, les feuilles de plusieurs arbres forestiers se couvrent d'une espèce de miellée dont les abeilles se montrent très-avides. Cette liqueur sucrée se produit parfois en très-grande abondance, ce qui augmente beaucoup la provision des abeilles, mais au détriment de la qualité, car elle ne possède ni le parfum ni aucun des caractères du miel. Il en est de même de la séve qui s'écoule par l'écorce crevassée de quelques arbres. Ces substances ôtent au miel avec lequel elles se trouvent mélangées une grande partie de sa valeur.

Lorsque cette liqueur a suinté pendant des temps pluvieux, elle peut donner la dyssenterie aux abeilles privées de pollen.

Plusieurs espèces de fruits et de baies fournissent encore des matières propres à alimenter les abeilles.

Toutes ces substances ont besoin d'être élaborées dans l'estomac de l'abeille, où elles subissent une transformation qui n'altère cependant ni leur odeur, ni leur couleur, ni leurs qualités saines ou vénéneuses. Le but de cette élaboration n'est relatif qu'à la conservation indéfinie de ces sucs divers, qui, recueillis simplement, entreraient en fermentation, tandis qu'une fois réduits à l'état de miel par les abeilles, et conservé par elles dans des alvéoles recouverts de cire, ils ne s'altèrent plus, ou du moins ils résistent fort longtemps à la corruption.

J'ai dit que les abeilles n'apportent aucun changement dans la couleur, l'odeur et les qualités des divers sucs qu'elles recueillent ; il est facile de s'en assurer : il suffit de leur donner de l'eau sucrée odorante ou colorée, pour en obtenir un miel participant des essences et des couleurs de cette eau. Quant à la saveur et aux qualités utiles ou nuisibles, il en est aussi de même. On peut ajouter des esprits à cette eau, ou lui substituer du vin, du cidre, de la bière ;

les abeilles n'apporteront aucune altération à ces divers mélanges.

On sait qu'il est des miels enivrants, d'autres qui sont de violents purgatifs et même des poisons; fort heureusement le miel de nos contrées n'offre pas ces altérations dangereuses.

Xénophon parle des effets terribles que produisit certain miel mangé trop avidement par ses soldats. Tournefort a reconnu que les fleurs de l'Azaléa Pontica fournissaient un miel dont l'usage devenait dangereux.

Dans tout cet admirable groupe d'îles dont Madagascar est la plus grande, à Bourbon et à l'île de France principalement, on recueille un miel verdâtre, toujours liquide, excellent au goût. Ce miel doit ses qualités particulières aux fleurs d'un grand arbre à feuilles persistantes, d'un vert sombre. Dans les endroits où cet arbre n'existe pas, le miel ne diffère point de celui des autres contrées ; mais comme il est presque toujours fleuri, et que les abeilles peuvent y faire d'abondantes récoltes, partout où il se trouve, elles délaissent les autres fleurs pour celle-là. Enfin, le miel varie extrêmement suivant les espèces de fleurs où les abeilles l'ont puisé. Mais s'il ne dépend pas de nous de changer ses qualités à notre gré, nous pouvons du moins, en recueillant au moment convenable celui de nos abeilles, jouir de toutes les essences et des propriétés particulières que lui communiquent certaines espèces de fleurs. C'est une facilité que plusieurs ruches de nouvelle invention nous offrent à un degré plus ou moins éminent. Parmi celles-ci, je citerai les ruches Canuel, Radouan, Huber, Prokopovitsch, Debeauvoys, et ce genre de ruche dont les Anglais ont varié la forme à l'infini, mais qui consiste principalement dans le placement de bocaux à la partie supérieure de la ruche.

Je n'ai pas besoin de répéter que la *ruche des jardins* présente toutes les facilités de visiter et de prendre les rayons nouvellement construits à l'époque de la floraison de certaines plantes donnant un miel d'un arome précieux.

De toutes ces formes de ruches, celle d'une pièce, soit en cloche, soit autrement, était bien celle qui offrait le plus de difficultés ; mais, au moyen de mon cylindre, c'est aujourd'hui celle où il est le plus facile de prendre chaque fois qu'on le désire, et sans déranger aucunement les abeilles, le miel produit par telle ou telle espèce de fleurs dominant à cette époque. D'ailleurs, comme on ne conserve que des ruches extrêmement peuplées, il y a toujours un nombre d'abeilles suffisant pour profiter de l'abondance momentanée de certaines fleurs ; tandis que d'après les autres méthodes, qui acceptent les essaims faibles, les nourrissent, épuisent les ruches par des essaims forcés ou *prématurés*, comme on les nomme maintenant, il est impossible d'obtenir de semblables résultats.

CHAPITRE II

Moyens d'extraire le miel des rayons.

Il est quelques propriétaires soigneux qui mettent en pratique, pour la récolte du miel, les judicieux préceptes recommandés dans presque tous les ouvrages d'apiculture ; malheureusement le plus grand nombre des apiculteurs ne se conforment point à ces sages recommandations.

Dans bien des localités il est d'usage de presser les rayons, et d'extraire immédiatement ainsi tout le miel contenu dans les alvéoles. Cette méthode nous prive des miels de premier choix, car il est des gâteaux qui contiennent du miel non bouché, que les abeilles avaient préparé pour leur nourriture et celle du couvain : ce miel est presque toujours altéré et d'un goût aigrelet ; il est privé d'arome, et les cellules qui le contiennent sont ordinairement entremêlées d'autres cellules qui servent de magasins à pollen. Or, une seule cellule contenant du pollen suffit pour troubler le miel et lui communiquer un aspect désagréable et un goût sauvage. On peut donc se faire une idée de celui qui provient de gâteaux contenant une grande quantité de pollen.

Une méthode d'extraction bien plus mauvaise encore est, malheureusement pour les amateurs de miel, fort en usage dans plusieurs parties de la France.

Cette coutume détestable, pratiquée par un grand nombre de cultivateurs, consiste à écraser avec le miel, non-seulement le pollen, mais aussi le couvain à l'état d'œufs, de larves et même de nymphes. Ces gens prétendent que le miel se purifie de lui-même parfaitement. Il est vrai qu'il reprend en partie sa transparence, mais il perd beaucoup sous le rapport de la couleur, du goût et de l'arome.

La manière de récolter le miel dans les Landes est encore plus vicieuse ; on verse dans des barriques tout le contenu de la ruche, et cette opération est plus facile qu'on ne saurait se l'imaginer. Saisissant l'instant où les abeilles sont encore engourdies par la fraîcheur de la nuit, on appuie rudement la ruche sur le bord de la barrique, et, comme les ruches des Landes n'ont pas de traverses intérieures ni d'étranglement, tout se détache du premier coup, rayons et abeilles tombent pêle-mêle ; pour achever ce mélange dégoûtant, un homme armé d'un fouloir écrase à l'instant cette vendange de nouvelle espèce.

Si le miel préparé ainsi que je l'ai dit plus haut contracte un goût pâteux et sauvage, celui que l'on récolte par l'absurde et dégoûtante pratique adoptée dans les Landes est encore bien moins salubre et agréable. Les matières animales qu'il contient lui communiquent une certaine acidité qui répugne, même alors qu'on en ignore la cause.

Il est encore une autre cause de détérioration qui devrait suffire pour faire rejeter le mode d'extraction dont je viens de parler. Les abeilles ont une petite vessie remplie d'acide empoisonné, que leur dard laisse distiller dans la blessure qu'elles font en piquant; on connaît la force de ce poison, capable de donner la mort à de gros animaux. Eh bien, on ne peut faire la récolte des rayons d'après la méthode ordinaire sans les irriter beaucoup; je sais par expérience qu'aussitôt qu'elles sont dérangées trop brusquement elles font sortir toutes à la fois leur aiguillon, à l'extrémité duquel on voit briller une gouttelette de poison aussi limpide que de l'eau distillée, mais qui laisse exhaler instantanément une odeur forte et pénétrante extrêmement désagréable.

Les nymphes elles-mêmes ont déjà leur vésicule pleine. Que l'on juge donc de ce que doit être le miel récolté à la manière des Landes, mélangé avec des milliers d'abeilles écrasées et pilées comme le serait le raisin à la vendange. En vérité, quand on pense que les hommes gâtent ainsi une des meilleures productions de la nature, on est tenté de leur refuser le degré d'intelligence qu'on est forcé d'accorder à leurs victimes.

Les chimistes, qui analysent avec un soin si scrupuleux toutes les substances qui servent à la nourriture de l'homme, devraient bien étudier l'effet que peut produire ce miel empoisonné. On sait que les fabricants de pain d'épice et autres friandises à l'usage des enfants emploient ce miel de préférence à tout autre, à cause du peu d'élévation de son prix. Serait-il impossible qu'il fût une cause de maladie pour des êtres dont l'organisation est si sensible, si impressionnable ?

Il n'y a aucun profit à ne faire qu'une seule espèce de miel. Celui des rayons qui n'ont servi à aucun autre usage, et qui peut se vendre à un prix double du miel commun lorsqu'il en est soigneusement séparé, perd toute sa valeur par un mélange mal entendu, sans augmenter celle du miel inférieur.

Voici comment on doit opérer pour obtenir un miel de premier choix.

Après avoir extrait avec un soin tout particulier les plus petites portions de pollen, on enlève proprement la pellicule de cire qui ferme les alvéoles. On se sert à cet effet d'un couteau très-mince ; puis on place les gâteaux ainsi ouverts sur un tamis ou dans un sac de toile claire qu'on suspend dans un lieu modérément chaud et bien clos, afin que les abeilles ne puissent pas s'y introduire du dehors. Le miel qui s'écoule naturellement est ce qu'on appelle le miel *vierge ;* il est susceptible de se conserver très-longtemps sans se décomposer, et ne produit ni écume ni dépôt.

Les rayons brunâtres qui ont déjà servi à l'éducation du couvain seront préparés de la même manière ; on pourra mélanger le miel qui en découlera naturellement avec celui qu'on aura obtenu, par expression ou autrement, de la première récolte.

Cette deuxième qualité de miel, quoique un peu colorée, est néanmoins fort bonne.

J'ai dit ailleurs que les abeilles coloraient leurs cellules en jaune; il paraît que le miel a le pouvoir de dissoudre cette couleur et de s'en emparer. Celui que l'on trouve dans les cellules fortement colorées participe toujours de cette nuance et acquiert même un certain goût dont le miel vierge est exempt.

Comme tout le miel ne s'écoule pas par cette opération, on doit alors presser fortement la cire des gâteaux, afin de le faire sortir. De cette troisième opération résulte un miel tout à fait commun, et cependant, comme on aura eu soin d'ôter toute matière animale ou étrangère, il sera encore bien supérieur au miel récolté par les moyens dont j'ai parlé plus haut, et surtout plus agréable au goût et plus sain.

Plusieurs auteurs recommandent de donner aux abeilles les résidus de la cire dont on a extrait le miel, afin qu'elles achèvent de les nettoyer, ce dont elles s'acquittent du reste fort bien. Je crois cet usage pernicieux. La cire encore chargée de miel exhale une odeur très-attrayante pour les abeilles, qui négligent alors la récolte lointaine du nectar des fleurs pour s'abattre par milliers sur cette cire odorante. J'ai remarqué qu'après cette récolte facile elles étaient souvent plusieurs jours avant de se remettre sérieusement à l'ouvrage; c'est donc une perte pour l'apiculteur, mais ce n'est pas la seule. Réunies en grand nombre sur ces débris, elles s'y livrent souvent de funestes combats, rapportent chez elles une odeur de miel qui cause une grande agitation dans la ruche; puis, quand la cire est épuisée de miel, on les voit souvent rôder autour des ruches voisines, tenter un pillage qui leur livrera sans travail une nourriture dont elles sont si avides, et entraîner souvent tout le rucher dans une ruine complète.

Le miel exposé à l'air s'altère promptement ; il s'aigrit et devient presque liquide. Il faut donc avoir soin de le mettre dans des vases de verre ou de terre bien vernissés ; il vaut mieux le diviser en plusieurs parties, que de le déposer dans un grand pot que l'on ne peut ouvrir sans causer une légère altération à la surface. Il est avantageux de le recouvrir d'une feuille de papier imbibée d'esprit-de-vin ou d'eau-de-vie, comme on le fait pour les confitures, et ensuite d'une seconde feuille de papier huilé, afin de le préserver du contact de l'air. Ainsi préparé, le miel peut se garder très-longtemps dans un lieu sec et frais.

Quelques personnes se bornent à le recouvrir d'un simple couvercle de terre ; c'est par cette raison que l'on trouve souvent du miel à moitié liquéfié, légèrement aigrelet et dénué de ce parfum qui en fait le charme.

Si l'on désirait donner un arome particulier à un miel qui en serait dépourvu naturellement, on peut y réussir en le faisant couler au sortir de la ruche sur des feuilles odorantes; en se filtrant, il emporte une partie de l'essence de ces fleurs ou feuilles. Quant au choix de l'essence, comme c'est une affaire de goût, je me bornerai à indiquer les fleurs d'oranger, de lavande, de rose, et les feuilles de quelques herbes aromatiques; parmi celles-ci, la plus agréable est bien certainement la feuille de l'arbuste à odeur de citron.

CHAPITRE III

De la miellée. — Des falsifications du commerce.

La miellée végétale est une espèce de transsudation qui se manifeste pendant les chaleurs, surtout pendant les temps orageux, sur les feuilles de certains arbres. On a remarqué que le chêne vert est particulièrement sujet à se couvrir de miellée, mais que les feuilles des anciennes pousses, d'un tissu ferme, sont seules propres à la fournir, car on n'en voit jamais sur les jeunes. La ronce, le houx, le mélèze, le pin franc, etc., se couvrent aussi de miellée. Quelquefois, après une pluie d'orage, l'écorce de certains arbres se fend et laisse suinter une liqueur sucrée dont les abeilles sont fort avides.

On comprendra que cette liqueur, quelque douce et agréable qu'elle puisse être aux abeilles, ne contient aucun des principes qui rendent le miel aussi utile dans ses usages qu'excellent comme nourriture. La miellée est, il est vrai, une ressource très-précieuse pour les abeilles, car elle paraît précisément à l'époque où les champs ne leur offrent que quelques fleurs rares et desséchées; mais son mélange avec le miel n'en diminue pas moins considérablement la valeur et les qualités de ce produit.

C'est donc une nécessité de recueillir le miel du printemps avant que les abeilles l'aient altéré par son mélange avec une substance privée d'arome et de toutes les qualités qu'on recherche dans le miel.

Quant à la miellée animale, produit d'un insecte hideux et dégoûtant, je pense que tout le monde partagera ma répugnance pour le miel qui en contiendrait, malgré les noms d'*élixir*, *de liqueur délicieuse* que certains auteurs donnent aux excréments des pucerons, dont les abeilles paraissent assez friandes. Un apiculteur dont j'ai oublié le nom a pourtant écrit un ouvrage pour enseigner la manière de multiplier ces insectes (les pucerons) comme pouvant succéder aux fleurs du printemps et en tenir lieu pendant l'été. Les pucerons extraient la séve âcre de certains arbres, la transforment dans leur corps en une liqueur sucrée et la rejettent sous forme de déjection. Aussi cet auteur leur donne le nom de *fabricants de miel*.

Quelque répugnance que l'on puisse avoir pour ce genre de fabrication du miel, il est du moins tout à fait inoffensif, et l'altération qu'il apporte par son mélange avec le nectar des fleurs n'a d'autre inconvénient que de diminuer les qualités et la valeur de celui-ci; mais il n'en est pas de même des altérations qu'on fait subir au miel commun dans le commerce, pour lui donner l'apparence du miel de Narbonne, si recherché des consommateurs. Je ne veux point parler de l'innocente supercherie de quelques marchands, qui ajoutent à du miel non cristallisé une certaine quantité de sucre blanc en poudre. Ils se procurent par là, il est vrai, un profit illicite et trompent les acheteurs sur la qualité, mais c'est une tromperie sans danger pour la santé publique.

La fraude que je veux signaler est autrement coupable, puisqu'elle peut causer un véritable malaise aux amateurs de beau miel blanc. La substance employée pour blanchir le miel est très-corrosive; lorsqu'on a mangé de ce miel, on sent dans l'arrière-bouche un feu, une âcreté qui irrite et excite à la toux. Qu'on juge donc de l'effet qu'il doit produire sur les malades, qui justement ont besoin d'adoucissants, et sur les enfants, dont les fibres sont si délicates et la peau si tendre.

Il est impossible de juger de la qualité du miel à la simple vue; les marchands sont parvenus à lui donner la couleur la plus flatteuse et le parfum le plus agréable; c'est donc seulement au goût qu'on peut reconnaître s'il est falsifié. Le miel pur, quelles que soient son origine et sa nuance, ne doit laisser aucun arrière-goût désagréable; il ne doit ni irriter le palais ni communiquer une impression brûlante à la gorge. Lorsqu'on n'a pas eu soin d'enlever tout le pollen, il a une apparence trouble, un goût farineux, et cependant aromatique, qui peut ne pas plaire, mais qui prouve souvent mieux en faveur de sa pureté que lorsqu'il est blanc et transparent.

On s'imagine que le mie ferme doit être tout à fait

naturel, mais il n'en est pas toujours ainsi ; lorsque les substances qui doivent le blanchir ont été mélangées pendant son état de fluidité, il devient ferme et grenu comme le miel le plus pur. Celui qui est grenu et coulant tout à la fois peut être, malgré cette apparence, très-pur ; cela prouve seulement qu'on l'a manipulé avant qu'il se soit raffermi.

CHAPITRE IV

De la cire.

La cire est une des productions les plus importantes de l'économie rurale; elle est l'objet d'un commerce considérable. Son prix varie suivant sa beauté, son plus ou moins d'onctuosité, de criant, et selon d'autres qualités recherchées par les marchands de cire et les fabricants qui emploient cette substance; comme ces qualités dépendent un peu de la manière de l'extraire des rayons, il est nécessaire de savoir quelle est la méthode la plus sûre pour obtenir les meilleurs résultats.

Je ferai d'abord remarquer que la cire vierge, celle que les abeilles n'ont encore ni colorée ni propolisée, est plus douce au toucher, qu'elle ressemble presque à une graisse animale, n'ayant ni l'odeur ni le criant de la cire propolisée et colorée, qu'elle se fond plus facilement, et enfin qu'elle n'a pas autant de ténacité.

La plupart des auteurs indiquent comme un bon moyen d'extraction de mettre la cire dans un vase chauffé médiocrement; elle se fond aussitôt, les corps étrangers qui surnagent sont enlevés avec soin, etc.

Quelque modéré que soit le feu, il nuit à la qualité et à l'odeur de la cire; il est bien préférable de la faire fondre dans l'eau, et voici comment il faut s'y prendre :

Après avoir nettoyé autant que possible les rayons des matières qui pourraient la salir ou lui communiquer une mauvaise odeur, on la mettra dans un sac de toile claire qu'on maintiendra dans une chaudière pleine d'eau bouillante. Le sac doit être entièrement sous l'eau, et l'eau doit être entretenue bouillante au moyen d'un feu doux. La cire s'élève à la surface de l'eau à mesure qu'elle fond, et on l'enlève aussitôt avec une grande cuiller comme celles dont on se sert pour écrémer le lait. On la jette dans un autre vase plein d'eau chaude; le peu d'ordure qui pourrait y être resté s'en sépare facilement, et la masse, en se refroidissant, se trouve presque assez ferme pour être livrée immédiatement au commerce.

Ce mode d'extraction est beaucoup plus prompt et moins embarrassant que celui qui est pratiqué ordinairement. On éprouve moins de perte et on ne risque pas de chauffer la cire à un point qui rende son blanchîment plus difficile et son odeur moins aromatique.

Une observation remarquable, c'est que les miels de couleur brune ou jaune foncé fournissent une cire plus blanche que les miels blancs du midi de la

France. La même chose a lieu lorsqu'on nourrit les abeilles avec des matières sucrées. La cassonade qui est presque noire donne une cire plus onctueuse, plus blanche que celle qu'on obtient en nourrissant les abeilles avec du sucre blanc.

Au reste, un kilogramme de cire en rayon, ayant déjà servi aux abeilles pour y élever leurs larves, ne rend à la fonte qu'un demi-kilogramme environ, tandis qu'on éprouve peu de diminution avec les rayons qui n'ont servi qu'à emmagasiner le miel.

CHAPITRE V

De la propolis.

Comment se fait-il qu'une substance qui paraît réunir autant de qualités diverses n'ait encore trouvé son placement ni dans le commerce ni dans la médecine?... Doit-on attribuer cette indifférence à la difficulté de s'en procurer, ou bien à l'ignorance de sa valeur dans les arts et dans la pharmacie? Dans le premier cas, je crois qu'il serait bien facile d'extraire une certaine quantité de propolis des vieilles ruches en cloche, dont les interstices sont remplis de cette matière ; quant à son utilité réelle dans les arts, il est impossible qu'une substance qui réunit toutes les qualités de la cire, et qui de plus est très-odorante, très-inflammable, flexible et conservant parfaitement les empreintes, ne puisse un jour trouver un emploi avantageux. Déjà, dans la médecine, on s'en sert utilement en Italie ; on en fait des vésicatoires qui sont bien supérieurs à ceux en usage ici; car les cantharides offrent souvent des dangers tels que bien des praticiens en repoussent l'emploi.

Enfin, je suis persuadé que plus tard on sera surpris qu'on ait négligé pendant si longtemps une substance qui offre des caractères d'utilité incontestables.

Bien des personnes ont dit que la propolis est rouge, d'autres qu'elle est jaune. Il est facile de mettre tout le monde d'accord sur ce sujet, puisqu'elle participe de la couleur des différentes plantes sur lesquelles les abeilles l'ont récoltée. J'en ai vu de rouge, de jaune, de verte et aussi d'une belle couleur grenat. Elle est très-odorante, sa saveur est piquante et amère.

CHAPITRE VI

Maladies des abeilles. — Moyens de guérison.

Après avoir prévenu plusieurs fois les apiculteurs, dans le cours de cet ouvrage, du tort irréparable qu'ils font à leurs ruches en enlevant le pollen mal à propos et sans profit, puisque cette substance, qui est le véritable pain des abeilles et qui leur coûte des peines infinies à récolter, n'est d'aucun usage pour nous, je n'aurais peut-être pas dû consacrer un chapitre aux maladies des abeilles. Je n'en connais d'ailleurs qu'une seule, terrible il est vrai, car elle entraîne souvent la perte entière du rucher qui en est attaqué. Mais, comme la privation du pollen ou son altération, ainsi que celle du miel, en est la seule origine, il est facile de la prévenir. La privation du pollen et l'altération du miel proviennent toujours d'une pratique défectueuse ou de l'ignorance du propriétaire d'abeilles.

Je ne connais qu'une seule exception à cette règle, et la voici : c'est quand le pollen que les abeilles mangent est altéré par l'humidité. Il peut s'altérer dans les ruches où l'eau a pénétré, dans celles à dessus plat, par exemple ; les vapeurs, ne pouvant s'écouler le long des parois, retombent en eau sur les gâteaux et occasionnent ainsi la moisissure du pollen. Comme c'est la construction vicieuse des ruches qui en est la cause, il est facile d'en prévenir les conséquences désastreuses, en renonçant à un genre de ruche défectueux. La position du rucher y est aussi pour quelque chose ; ainsi, dans les lieux bas et humides, le pollen s'altère très-facilement : il est encore aisé de remédier à cet inconvénient, en plaçant le rucher dans un endroit mieux aéré.

Le seul cas où cette cruelle maladie attaque les ruches sans qu'il y ait de la faute du propriétaire, c'est lorsque les abeilles n'ont pas fait en temps opportun une provision de pollen suffisante pour le couvain et pour elles-mêmes ; si dans une semblable circonstance, le printemps est froid, humide, pluvieux, le pollen s'en trouve altéré sur les fleurs mêmes, et comme par suite le miel est aqueux, il n'est pas étonnant que ces deux causes réunies soient suffisantes pour donner la dyssenterie aux abeilles. Dès qu'on s'en aperçoit, il faut y porter remède ; autrement les ruches succombent promptement, ou du moins les abeilles sont décimées précisément à une époque où la population ne saurait être trop nombreuse.

On a indiqué une foule de remèdes à cette maladie. Un seul m'a toujours paru efficace, c'est celui qui est indiqué par M. Frémiet ; le voici :

On met dans un vase un litre de bon vin vieux, un quart de kilogramme de sucre blanc, autant de miel de première qualité, une trentaine de gouttes de bonne eau-de-vie, une pomme de reinette, deux poires de saint-germain bien écrasées, et on fait cuire le tout à consistance de sirop pour le donner aux abeilles malades.

Je pense que la pomme de reinette et la poire de saint-germain ne sont point de nécessité absolue.

Il faut verser cette liqueur sur des rayons vides et propres qu'on aura mis dans une assiette ; les abeilles descendent sur ces gâteaux et peuvent sucer le sirop sans s'engluer aucunement.

Pour la dénudation du corselet, la maladie des antennes, le vertige, etc., etc., ces maladies ne sont pas connues des apiculteurs qui soignent convenablement leurs abeilles. On ne les voit que là où le propriétaire des abeilles a substitué une nourriture préparée par lui à celle que la nature leur a destinée.

Il en est de même des maladies qui attaquent le couvain. Lorsqu'on oblige ces pauvres petites bêtes à vivre de mauvaises drogues sucrées, le couvain s'en ressent aussitôt. S'il ne périt pas, la plupart des abeilles qui en proviennent sont infirmes, ainsi que l'a remarqué M. Debeauvoys.

J'engage les personnes qui auraient observé ces signes de décadence chez leurs abeilles à moins les tourmenter, à ne plus les obliger à travailler contre les règles de la nature et à ne pas se substituer à celle-ci en ce qui concerne leur nourriture. D'ailleurs le premier effet que produisent les matières sucrées que l'on donne aux abeilles, c'est d'altérer la constitution de la reine, qui alors donne cette ponte viciée dont M. Debeauvoys se plaint si justement. C'est aussi pour les abeilles que Dieu a créé les fleurs. C'est pour nous qu'elles sont belles, mais le nectar et le pollen qu'elles contiennent sont la seule et vraie nourriture d'une foule d'insectes; et pour les abeilles rien ne peut la remplacer.

CHAPITRE VII

Hivernage des ruches.

On a beaucoup parlé, ces dernières années, d'un procédé d'hivernage très-avantageux et très-sûr, disait-on : avantageux, en ce que par ce moyen on préservait les abeilles de l'atteinte du froid, et surtout parce qu'on prévenait la consommation du miel pendant la morte saison.

Les abeilles en se réveillant retrouvaient leurs provisions intactes et n'avaient plus à redouter ces terribles famines qui font périr une bonne partie des ruches avant le retour des fleurs.

Le froid, non plus, n'avait aucune prise sur elles,, en sorte que l'heureux apiculteur, débarrassé de ses ruches et des soucis qu'elles donnent parfois pendant les mois d'hiver, n'ayant plus de pertes à déplorer, tout devenait pour lui plaisir et profit.

Ce moyen tant vanté consistait à ensevelir les ruches dans des espèces de silos préparés à peu près comme pour la conservation des pommes de terre et autres légumes.

De nombreux essais ont été tentés d'après les indications de l'auteur de ce procédé ; quelques personnes ont réussi, mais en général on s'en assez mal trouvé.

Il est donc probable que ce procédé retombera dans l'oubli dont son auteur l'a tiré, car il est loin d'être nouveau ; l'ancienne *Maison rustique* en avait déjà parlé comme d'un moyen connu et pratiqué avec plus ou moins de succès.

C'est qu'en effet, pour réussir, cette opération demande une foule de précautions sans lesquelles on risque de trouver les abeilles mortes et leurs provisions dans le plus triste état. Un hiver excessivement humide ou trop prolongé, des alternatives de chaud et de froid, mille causes enfin peuvent rendre nulles toutes les attentions de l'apiculteur.

Quelques personnes, redoutant pour leurs abeilles les rigueurs de l'hiver, portent leurs ruches dans l'intérieur des maisons. Elles choisissent un endroit tranquille et sombre; une cave sèche ou bien un grenier bien abrité. Ce mode d'hivernage est, je crois, préférable encore à l'enfouissement, car on a du moins toujours les abeilles sous les yeux, on peut remédier au désordre qui surgirait par suite d'un excès de chaleur ou d'humidité, puisque rien n'empêche de les visiter de temps en temps. Quand elles tombent en grand nombre sur le tablier, c'est que la faim exerce ses ravages parmi elles, il faut alors y pourvoir sans retard ; si les ruches exhalent une odeur fétide, on peut être sûr qu'elles sont attaquées de la dyssenterie. On voit qu'il y a avantage à ne point les perdre entièrement de vue. Cependant, ce moyen n'est pas exempt d'inconvénients, et, à tout prendre, je crois qu'il vaut encore mieux les laisser à leur place habituelle, sauf à les préserver, autant que possible, du froid et de l'humidité. Les abeilles qui vivent dans le creux des rochers, dans les troncs d'arbres; celles qui s'échappent lors de la saison des essaims, ou qui désertent leur ruche pour aller vivre de la vie libre et sauvage, supportent parfaitement les hivers rigoureux, pourvu qu'elles aient pu amasser des provisions suffisantes, car c'est un point essentiel; pourquoi ces populations, souvent mal abritées, résisteraient-elles mieux que les nôtres aux intempéries de la saison d'hiver, s'il n'y avait pas une cause secrète qui fait que nos essaims ont moins de vigueur?

Ces causes, car il peut y en avoir plusieurs, sont : en première ligne le manque de nourriture; ensuite la négligence de l'apiculteur qui ne couvre pas suffisamment ses ruches dès les premières gelées; l'exposition en plein midi peut aussi amener de graves désordres, car lorsque le soleil donne sur les ruches chargées de neige, celle-ci se fond et pénètre à travers la paille jusqu'au domicile des abeilles. La vapeur humide qui en résulte peut faire moisir le pollen, cause certaine de mort pour le couvain et de dyssenterie pour toute la population.

Un autre inconvénient de l'exposition au midi, c'est que les abeilles attirées par la clarté qui pénètre jusqu'à elles; ranimées par les rayons d'un soleil déjà ardent, qui frappe directement sur leur demeure, sortent joyeuses et sans défiance du froid qui ne tarde pas à les engourdir au point de ne plus pouvoir rentrer dans la ruche. Bientôt saisies par l'air glacial produit par la fonte de neige, elles tombent par milliers autour de leur demeure ; privées de toute force elles périssent misérablement de faim et de froid là où elles se sont posées.

Ces sorties intempestives dépeuplent souvent les plus beaux ruchers ; et l'apiculteur qui voyait à l'entrée de l'hiver ses abeilles fortes et nombreuses, promettant des essaims printaniers, se désole en considérant les ravages qu'un seul jour a produit dans son rucher.

Il faut donc, autant qu'on le peut, les abriter du soleil d'hiver dont la chaleur prématurée les excite à sortir sans nécessité.

Quant à moi, je puis dire que les seules ruches que j'aie perdues par la rigueur d'un hiver exceptionnel, se trouvaient justement exposées au midi, protégées par un mur qui les garantissait de vents du nord.

TABLE DES MATIÈRES

PREMIÈRE PARTIE.

MŒURS DES ABEILLES

DEUXIÈME PARTIE.

EMPLACEMENT DU RUCHER

TROISIÈME PARTIE.

VARIÉTÉS DE RUCHES

QUATRIÈME PARTIE.

ESSAIMS NATURELS ET ARTIFICIELS

CINQUIÈME PARTIE.

PRODUITS DES RUCHES — MALADIES DES ABEILLES HIVERNAGE

PARIS. — IMP. SIMON RAÇON ET COMP., RUE D'ERFURTH, 1.

www.ingramcontent.com/pod-product-compliance
Ingram Content Group UK Ltd.
Pitfield, Milton Keynes, MK11 3LW, UK
UKHW020102200726
13856UKWH00002B/328